ゴビ砂漠のネメグト盆地

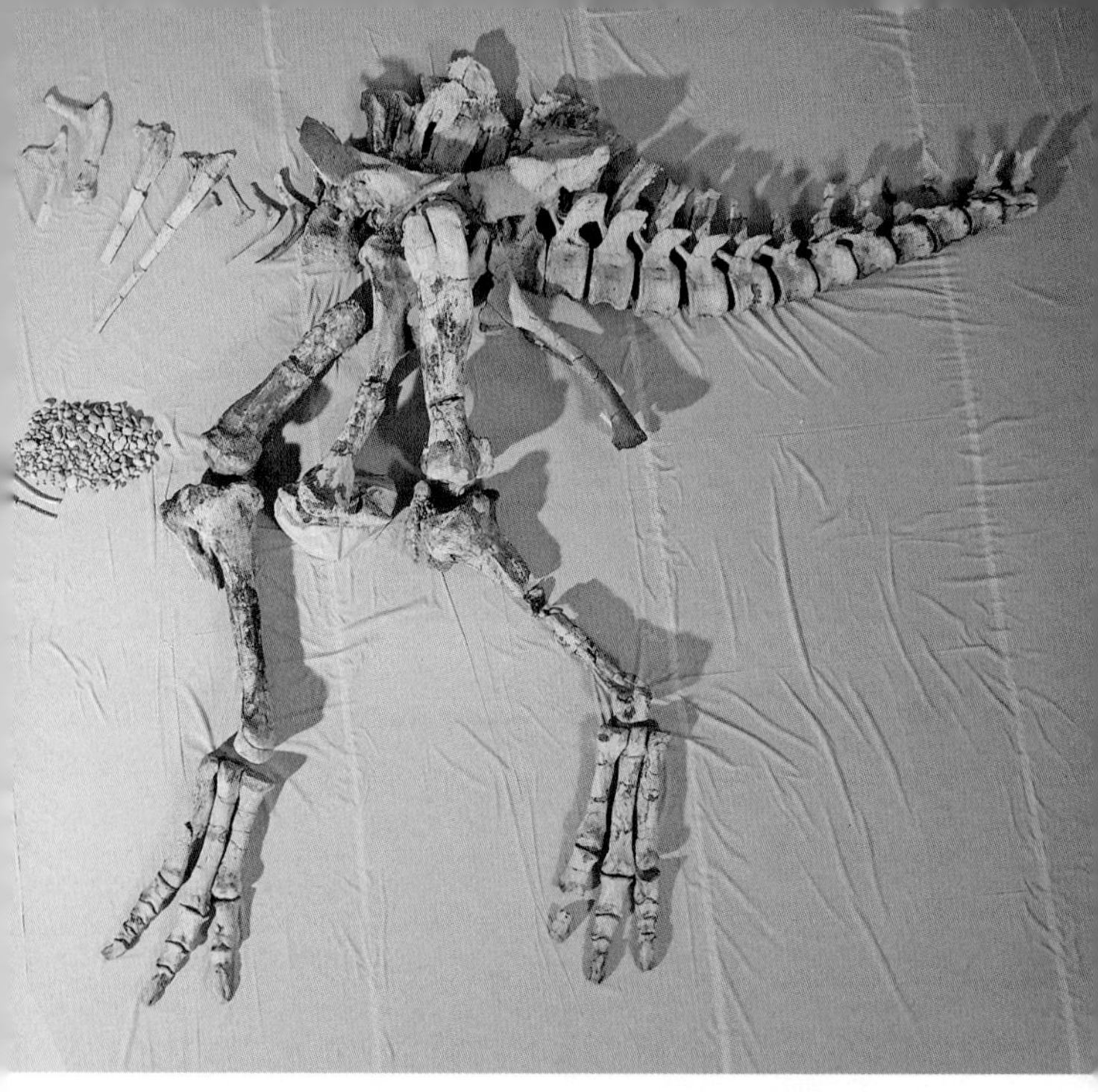

上／デイノケイルスの全身骨格。長さ2.4mにもなる〝恐ろしい腕〟だけが1965年に発掘されたが、それ以外は長く見つからず恐竜界最大の謎となっていた。両腕のある特徴に惹きつけられた著者は、「ハイエナ作戦」に出る（第9章）

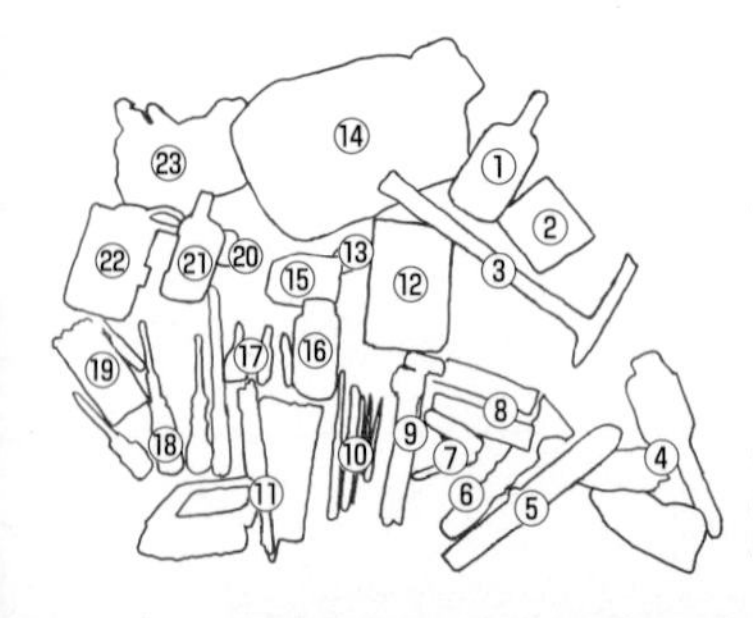


左／バックパックに詰める発掘調査「七つ道具」
①スコップ　②トイレットペーパー　③ハンマー　④スコップ2本　⑤ナイフ　⑥ヘラ　⑦マルチプライヤー　⑧スケール　⑨ハンマー　⑩アイスピック、デンタルピック　⑪ブラシ各種　⑫フィールドノート　⑬笛　⑭小バッグ　⑮双眼鏡　⑯有機溶媒　⑰接着剤　⑱アイスピック　⑲ペン　⑳ルーペ　㉑GPSユニット　㉒カメラ　㉓グローブ

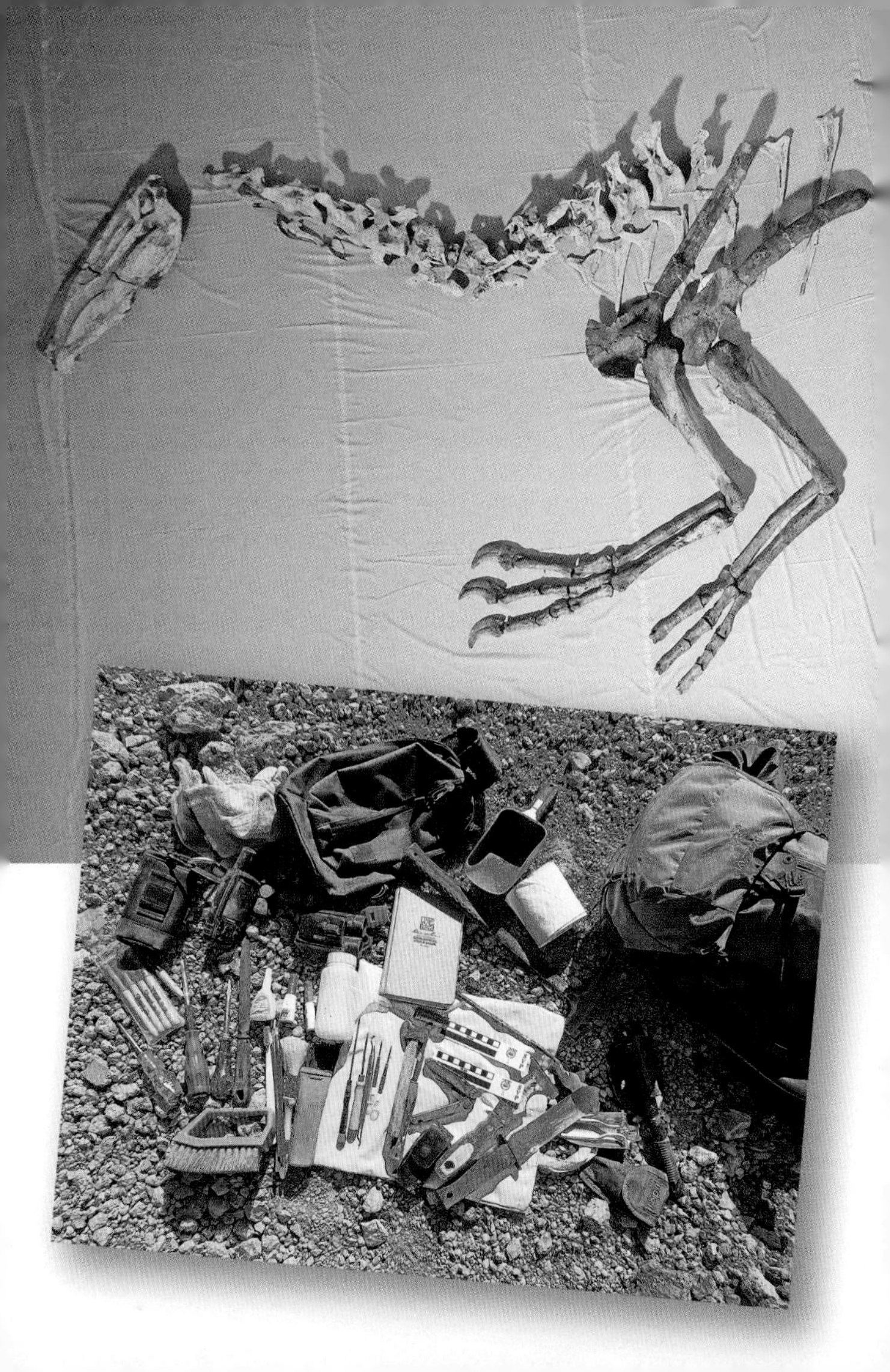

上／北海道むかわ町で発掘した「むかわ竜」と向き合う著者。日本の恐竜の神という意味を持つカムイサウルス・ジャポニクスと命名された。頭から尻尾まで８割以上が揃った日本初の全身骨格から、その姿と迫力が現代に甦る（第８章）

下／アラスカ・デナリ国立公園を調査中の著者。この地に入る交通手段はヘリコプターのみ。費用も危険も大きいが、それらを補って余りある魅力あふれたフィールドが広がる（第10章）

新潮文庫

# 恐竜まみれ

## 発掘現場は今日も命がけ

小林快次著

新潮社版

11630

# はじめに

「このままグリズリーを刺激しないで、通り過ぎるまでやり過ごすか。それともこの散弾銃を撃って、小屋に近づかないように警告するか。ただ、昨日試し撃ちで2発撃ってしまったから、弾が2発しか入っていない」

トニーが小声で私に言う。巨大なグリズリーが、私たちが滞在している小屋の前を通ろうとしている。「アラスカ名物」のハイイログマだ。この大きさなら体重500キロを超えるだろう。何かを探しているように、目の前の植物の匂いを嗅ぎながら、ゆっくりと確実に私たちの方に歩いてくる。

トニーの隣でクマよけスプレーを構えている私は、グリズリーのあまりの大きさに圧され、答えることができない。

「まじか……」

すぐ後ろにいる私の研究室の大学院生が呟く。

「デカ過ぎるだろ……」

　ここアラスカには10年以上にわたり発掘調査に入っているが、こんなに大きなグリズリーをこれだけ間近で見ることはない。彼らは人間を見慣れていないため、いつもなら遠ざかっていくのだが、いまは私たちの何かに興味を持ち、近寄ってきている。

やがて10メートルという距離まで近づいた時、グリズリーは私たちの姿に気づき、一瞬動きを止める。縁取りのある真っ黒な右目で、こちらを見る。瞳孔が開いているのがわかる。鼻をクイッとあげ、辺りの匂いを嗅ぎ始めた。私たちを確認しているようだ。

　5秒ほどそうした後、大きな体を90度方向転換し、こちらへと体を向けた。頭を地面近くまで下げ、上目遣いで、そして両目でしっかりと、私たちを見ている。

　また一歩を踏み出す。そしてまた一歩。ゆっくりとした動きだが、頭の位置は変わらない。私たちの緊張が高まっていく。時が止まったかのような感覚の中、これまで聞こえていた波の音や小鳥のさえずりも聞こえない。私たちは、グリズリーの動きに全神経を集中する。

　クマよけスプレーを持つ手が汗ばんでいる。私は視界の端で手元を見て、指がしっかりとレバーにかかっているかを確認。吹きつけるタイミングを考えていた。なるべく近くまで引き寄せて、スプレーを少し地面に向けながらレバーを引かなければならない。頭の中で何度もその瞬間をシミュレートしていた。

距離が7メートルほどに近づいた時、散弾銃を構えているトニーは、声を震わせながら言った。

「ヘイ、ベア……」

その声は恐怖にあふれていた。本来なら大声で叫ばなければいけないのだが、私たちの先頭に立つトニーにとって、その声は精一杯振り絞ったものだった。トニーの声を皮切りに、私たち全員は、狂ったように大声で叫びはじめた。

「ヘイ！　ベア!!　ヘイ！　ベアァァ!!」

可能な限り大きな声を出そうとするあまり、声が割れてしまっている。声帯が震えすぎて、痛みが走る。それは、グリズリーへの威嚇(いかく)というよりも、獲物と化した私たち自身の恐怖をかき消すための絶叫だった。

必死な声が聞こえていないのか、聞く気もないのか、グリズリーが次の一歩を踏み出す。私は、クマよけスプレーにかけた指に力を込める。トニーは散弾銃の安全装置を素早く外す。

次の瞬間、大空には銃声が鳴り響いた。

最北端にアラスカ州を有するアメリカ、カナダ、モンゴル。この3ヶ国と日本を行き来しながら、私は恐竜の研究をしている。1年の3分の1はこうした野外のフィールドで調査をしながら、新しい恐竜化石を探す。

＊　＊

化石の発掘調査。発掘というのは、じつは恐竜研究の一部にすぎない。だが結論から言えば、恐竜研究の醍醐味(だいごみ)はここにある。自分の足と手、目を使って発見をする、抜群の面白さなのだ。

これまでとは違う人々と関わり、思ってもみない風景のなかへ踏み出せば、何かが見つかる。一つ見つかれば、そこから様々なことが分かってくる。この楽しさは尽きることがない。

敢(あ)えて言おう。もし進化の研究をしたければ、恐竜を研究する必要はない。いま生きている生物を対象にするほうが、観察もデータ獲得もうんと行いやすいはずだ。姿を消してしまった恐竜を研究する面白さは、恐竜そのものに挑むことにある。圧倒的に少ないデータを、自分の力で増やしていくのだ。

約2億3000万年前、恐竜が地球上に現れた。長い時間をかけて彼らは身体の形を変え、大繁栄していく。背中に大きなプレートを持つステゴサウルス。全長35メートル、体重70トンにもなった巨大恐竜アルゼンチノサウルス。頭に角を3本備えたトリケラトプス。そして、超肉食恐竜、ティラノサウルス。

恐竜は1億7000万年にわたって繁栄した。この間に地球上で生まれた恐竜の数に比べれば、いま見つかっている恐竜はたった1%に過ぎない可能性もある。偶然が積み重なって化石となった個体は非常に希少で、そのうち発掘されたものはさらに少ないからだ。だからこそ恐竜学者は、どんどんフィールドに出て化石を取りにいかなければならない。

現在までに1000種類を少し超える恐竜に名前（学名）がついている。そのうち75%はたった6つの国から発見されていることはあまり知られていないだろう。アメリカ、カナダ、アルゼンチン、イギリス、中国、そしてモンゴル。つまり化石が出る国は極端に限られている。

この6つの「恐竜王国」に、残念ながら日本は入っていない。だが日本には異常ともいえるほど恐竜ファンが多く、人気が根強い。その理由を考えてみる。もう60年も前から「怪獣もの」が作られてきたことと関係しているかもしれない。ゴジラやウルトラマンを愛する文化がベースになって、恐竜という存在が受け入れられやすかった。実際、現在でも怪獣と恐竜を一緒くたに考えている人もいる。

そして近年、フクイラプトル（1988年）やフクイサウルス（89年）、タンバティタニス（2006年）、本書でもお話ししていくカムイサウルスなど、日本で恐竜が発掘されるようになってからは、その状況に驚くほどの変化が出てきた。講演会や担当するNHKのラジオ番組「子ども科学電話相談」で出会う子どもたちからは、恐竜を生物として理解しようとする新たな熱気を感じる。そんな彼らにも、自分で発見することの喜びを伝えられたらと願う。

誰も見たことのない身体を持ち、考えてもみない生態で暮らしていた恐竜の痕跡（こんせき）は、まだまだ見つけられるはずなのだ。

では、どうやって見つけるのか。どんな場所へ探しにゆくのか。時おり命がけの瞬間もやってくる発掘の日々を、論文や図鑑には書けないことをまじえて語ってみたい。

恐竜まみれ　発掘現場は今日も命がけ

# 目次

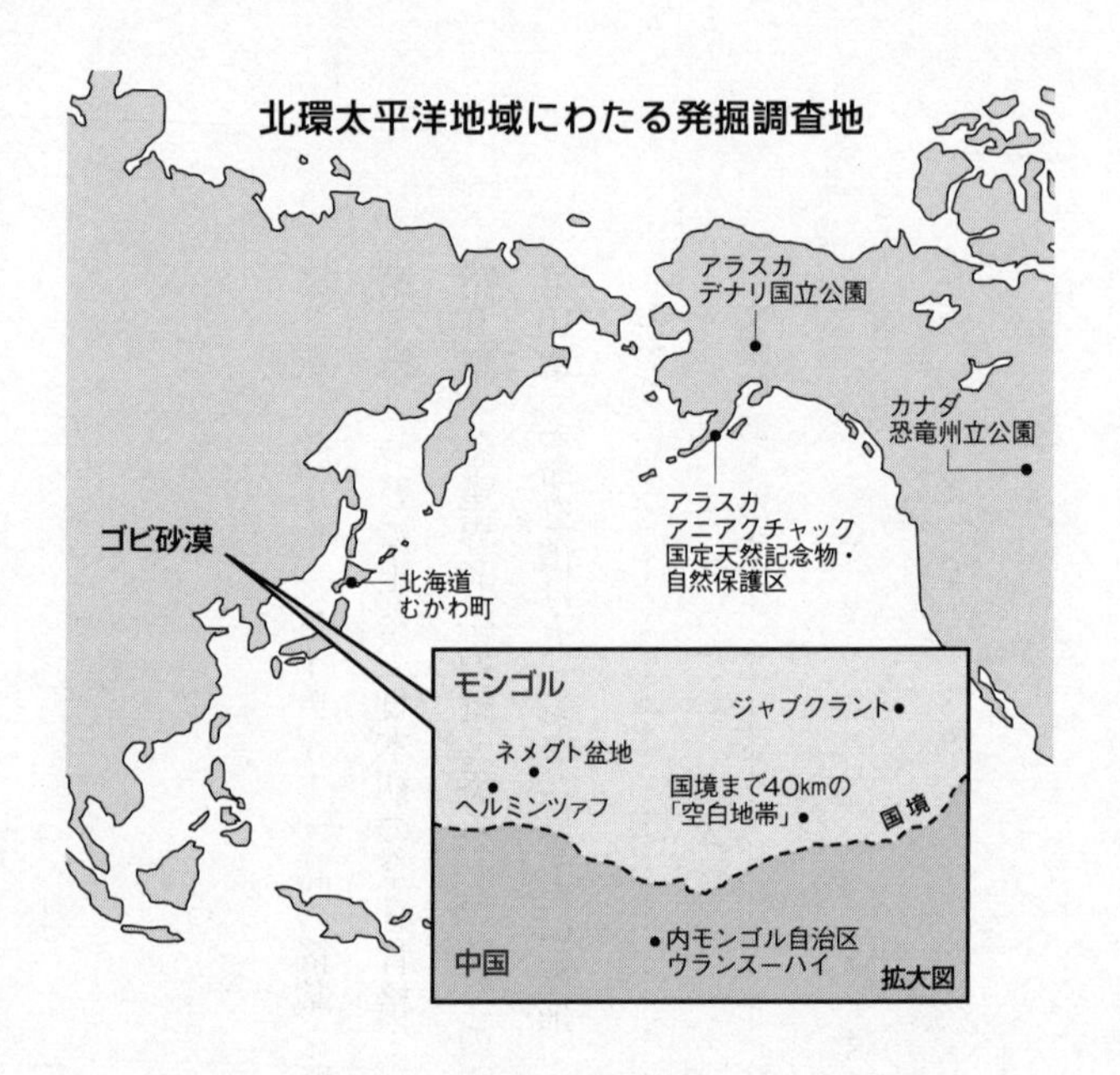
北環太平洋地域にわたる発掘調査地
アラスカ
デナリ国立公園
カナダ
恐竜州立公園
アラスカ
アニアクチャック
国定天然記念物・
自然保護区
ゴビ砂漠
北海道
むかわ町
モンゴル
ジャブクラント
ネメグト盆地
ヘルミンツァフ
国境まで40kmの
「空白地帯」
国境
中国
内モンゴル自治区
ウランスーハイ
拡大図

# 恐竜まみれ

## 発掘現場は今日も命がけ

# 第１章

# 恐竜学者と「化石コレクター」のはざまで

## アラスカの自然保護区へ

２０１８年７月。私たちはアラスカ州キングサーモンに来ていた。アラスカ州の太平洋岸から南西に伸びるアラスカ半島の根元に位置する、人口４００人ほどの町だ。名物料理を期待したくなるような名前の町だが、実際にあるのはレストラン「エディーズ」だけ。ここで私とトニー、そして同行した私の研究室の大学院生二人はハンバーガーにかぶりついていた。

「このハンバーガーをいつまで食べ続けるんだろうね。一日も早くこの町を出て、調査に出発できることを願おう」

トニー・フィオリロ博士が、ナプキンで口の周りについたケチャップを拭きながら言う。トニーは、アメリカのテキサス州ダラスにあるペロー自然科学博物館に勤める恐竜研究者だ。２００７年からアラスカで一緒に調査している仲間であり、親しい友人でもある。

この地へ3年連続で調査に入っている狙いは、北極圏という厳しい環境を克服し、北米からアジアに移動した恐竜について調査することだ。恐竜時代のアラスカは、いまよりも面積が大きかったと考えられている。ただしアラスカが北米大陸とアジア大陸をつなぐ中間地点であったことはいまもかつても変わらない。

私たちがこれから向かおうとしているのはアニアクチャック国定天然記念物・自然保護区だ。３７００年前に爆発してできたカルデラが中心になっており、カルデラから流れ出るアニアクチャック川が美しい。40キロほどの川は、太平洋に面するアニアクチャック湾へと流れ出る。

広大な保護区内には、訪問客のためのリゾートやホテルはない。店も病院もない。存在するのはアニアクチャック湾の海岸に建つ、小さな無人の小屋だけである。コンクリート製だったらどれだけ頼もしいかと思うが、現実には木造だ。ここには滑走路がないため、水上から離発着するフロート水上機か、海岸に着陸できるセスナ機に乗らなければならない。

アクセスが困難なため、ここを訪問する人は少ない。巨大なグリズリーがたくさん生息していることで有名な地でもある。

天候が変わりやすいのも特徴だ。キングサーモンからの距離は200キロほどだが、こちらの天候が良くても、アニアクチャックは悪いということはよくある。このような時は、飛行機が飛ばない。

出発予定日の朝のキングサーモンは、飛行日和だった。予定通りに荷物を詰め、コーヒーを飲みながら待機する。しかし予定時刻になっても連絡がない。しびれを切らしたトニーと私は、国立公園管理局の事務局へと向かった。そこには、気象レーダーの画面を見つめるスタッフがいた。

「アニアクチャックに低気圧がかかっている。視界も悪いし風も強いようだ。もう少し様子を見るから、宿泊施設に戻って待機してくれるか」

よくあることだと、私とトニーは肩をすくめる。

「もう一杯、コーヒーを買いに行くか」

こういう時は、気長に行くしかない。「待つ」という行為は発掘調査につきもので、いかに待機時間をイライラせず過ごすかは大事なことである。その一方で、いつでも出発できる態勢を常にとっていなければいけない。

私たちは「エディーズ」に寄り、コーヒーを買った。宿泊施設まで戻ると、さっき国立公園管理局の事務局にいたスタッフが私たちに駆け寄ってきた。

「どこにいたんだ？　もう出発するから早くナクネック川の離水デッキに行ってくれ！」

突然の出発命令。いつもこんなものである。話によると、数時間だけ低気圧の切れ目ができたようで、今だったらアニアクチャックに入れるそうだ。

急いで大きなバックパックや荷物をトラックへ積んで、川へと向かった。


**「落ちないように祈りなさい」**

去年も乗ったフロート水上機の側（そば）には、巨大なクマのような操縦士が待っていた。このビーバーという小型飛行機のフロート（水上に着陸するためのソリのような脚の部分）は空洞になっており、そこに荷物を詰める。蓋（ふた）を開けて、操縦士は器用に荷物を詰め込んでいく。さっきまで山になっていた荷物が、あっという間に機内に収まり、

フロート水上機、ビーバー。その名の通り、水上で能力を発揮する

準備が整った。

ライフベストとヘッドフォンを渡され、早く乗り込めと指示された。耳慣れた安全説明を受け、早く乗り込めと指示される。この安全説明は、要約すると「落ちないように祈りなさい。落ちた場合は、グッドラック」ということだと理解している。

機内に私と院生たちが乗り込み、トニーが助手席に座る。操縦士は、デッキに結びつけられたロープを外し、その大きな体を操縦席に押し込む。巨体で狭いビーバーはいっぱいになり、後部座席に座った私は、全く前が見えない。

「離水するぞ」

操縦士は私たちに親指を立てて合図し、エンジンの回転数をあげる。フロートは川の波を切って発進、轟音が私たちに緊張感を与える。離水と同時に、水を切る音は消え、エンジンの音だけが機内に響く。防音用のヘッドフォンをしていても、エンジン音と振動が体に伝わってくる。

前方の視界を塞がれた私は、横にある窓の外を見ながら、アニアクチャックまでの90分間を過ごすことにした。地上からは100メートルほどだろうか、芝生のように眼下に広がるツンドラ地帯。そこに時折現れる湖は虹色をしていて、とても美しい。

白い鳥の群れが、ビーバーの飛行音に驚いたのか一斉に飛び立ってゆく。次第に、エンジンの音は、子守唄のように聞こえ、風にあおられる機体もゆりかごのように揺れ、眠気を誘ってゆく。私たちを足止めしていた低気圧は、一体どこに行ってしまったのだろうか。

突然の大きな揺れで眠りから覚めた。目の前にアニアクチャック川が流れていた。操縦士の肩越しに見える僅かな隙間からは、アニアクチャック湾が見える。調査地に着いたのだ。湾に入ったビーバーは、湾の上を旋回しながら着水場所を探す。目の前には、1キロほど伸びる綺麗な海岸も見えた。

「みんな、いいニュースと悪いニュースがある。いいニュースは、湾の海面が穏やかで着水には問題ないことだ。悪いニュースは、今は引き潮の時間ということだ。濡れる準備はいいか?」

操縦士は操縦桿を左に倒し、ビーバーを傾けながら言った。

予定では満ち潮の時間に到着するはずだった。しかし出発が遅れたせいで、引き潮が始まってしまったのだ。ここは遠浅の湾のため、引き潮だと、ビーバーは海岸に近づくことができない。

操縦士が言う通り、湾の波は静かだった。羽毛がふわりと地面に落ちるように、ビーバーは着水する。操縦士はエンジンの回転数を落とし、ゆっくりと海岸へ向かう。それも束の間、操縦士はエンジンを切った。機内には、静かな波の音だけが響いている。

「えーと、悪いがここまでだね。長靴は持っているよね？」

ここから荷物を運ぶのか。海岸まではかなり遠い。これから10日間滞在する小屋も小さくしか見えない。ドアを開けると、透き通った海水の奥に底が見えた。軽く、膝を超える深さだ。長靴は持ってきたが役に立たないのは明らかである。ズボンを捲り上げ、サンダルを冷たい海水につける。夏といえどもここはアラスカ。海の水は、凍るほどに冷たい。躊躇していると操縦士がすかさず言う。

「俺も早く帰らないと。低気圧がくるから急いでくれないかな」

確かに仰る通りだ。私たちは覚悟を決め、一気に海に入った。荷物を担ぎ、できるだけ早く海岸へと向かう。足が凍りそうなことはとりあえず忘れる。一人につき5往復ずつくらいだろうか、ようやく荷物を運び終えた私たちを確認して、ビーバーはさっと離水した。

潮が満ちてくる前に、荷物を小屋まで運ばなければならない。10日分の食料を詰めたドラム缶に、日用必需品と調査用具だけで軽く40キロを超える。恐竜の足跡化石の型を取るための調査用シリコンを含めたら一人あたり60キロだ。そして忘れてはいけないクマよけスプレーとショットガン。

小屋は、海岸から10メートルほど入ったところに建っている。半分腐っているデッキまでたどり着くと、そのすぐ横には大きな爪痕が残されていた。グリズリーだ。この小屋まで来ていたのか。

小屋の窓には、釘をたくさん打ちつけた板がはめ込まれている。もちろんグリズリー対策だ。トニーと私は、小屋を一周してこの板を取り除いた。一枚外すごとに、真っ暗だった小屋の中に、陽が差し込んで行く。小屋には入り口が二つある。誰もいないときはどちらのドアも鍵がかかっているはずだが、鍵どころかメインのドアが壊れ、半分開いていた。

「このドアは腐って閉まらないんだな。ここはこのままにして、もう一方のドアを使おう」

　トニーは独り言のように言った。

## 調査の開始とクマよけスプレー

　小屋に荷物を運び終えた私たちは、各々の寝場所を決め、荷物を広げる。食べ物が入ったドラム缶はメインのドア付近に、散弾銃とその弾が入った箱はドラム缶の上に。

「ちょっと待って。弾を込めておこう。準備は大事だろ？　それよりも、今からどうする？　ちょっと海岸を歩いて調査の足慣らしをしておこうか？」

　私は頷いて、院生たちに準備をするように伝えた。彼らも、長旅の末にようやく調査が始まることに興奮しているのだろう、嬉しそうに笑みを浮かべた。

　まもなく4人で小屋の前のデッキに集合した。バックパックには、発掘作業のための「七つ道具」をはじめ、様々なものを詰め込んでいる（口絵3頁・下写真）。ふだんと違うのは、首から単眼鏡を下げ、腰にはクマよけスプレーをぶら下げていることだ。単眼鏡を使って常に周りにグリズリーがいないかを確認し、万が一出会ったらいつでもスプレーを取り出して噴射できるようにしておく。

「アンディアーモ！（行きましょう、の意味）」

イタリア系アメリカ人のトニーの呼びかけと同時に、私たちは海岸へと降りた。1キロ続く海岸の先に、延々と岩が露出した崖が続く。その崖に、私たちが探し求めているものがあるのだ。歩き始めた瞬間、院生が足を止め、地面を指差して聞いてきた。

「これって？」

真っ先に見つかったのは大きさ30センチくらいのグリズリーの足跡だった。海岸の向こうまで足跡が続いている。

「どうも先客がいるようだね。随分新しいから、朝の散歩じゃなく、昼過ぎの散歩かな。とにかく周りに気をつけて進もう」

私たちは、その足跡をたどるように、夕暮れが近づく海岸を歩いてゆく。

## 足跡化石から分かること

アニアクチャック自然保護区には、チグニック層という約7000万年前の地層がある。この地層は白亜紀の終わりに当たり、二つの点で注目されている。一つは、恐竜が絶滅したのは6600万年前なので、恐竜が絶滅する「直前」の時代であるということ。もう一つは、誰もが知っているティラノサウルスがいた時代だということだ。ティラノサウルスは、恐竜繁栄の象徴とも言える超肉食恐竜。まさに彼らが生きていたのが白亜紀末期なのだ。

今回調査したいことは、幾つもある。この地にどのような恐竜がどのように棲んでいたのか。その恐竜は北米タイプなのか、アジアタイプなのか。じつはここアニアクチャックからは、恐竜の骨はまだ発見されていない。だが、がっかりするのは早い。足跡化石や植物化石が、数多く見つかっているからだ。植物化石からは当時の環境が、足跡化石からは恐竜の生活や行動が読み取れる。

私とトニーはこれまで、アラスカ州にあるいくつかの国立公園等で調査をしてきた。デナリ国立公園、ランゲル・セントエリアス国立公園、ユーコン・チャーリーリバー国立自然保護区、ゲーツ・オブ・ジ・アークティック国立公園周辺地域、そしてこのアニアクチャック。それぞれに特徴があり、アラスカに生息していた恐竜について多くのことを教えてくれた。

地層は、「層」と言うだけあって、シート状に伸びる層が積み重なってできたものだ。通常は、水平に砂や泥が積もっていく。当然ながら下の層が古く、上の層が新し

海岸沿いに立つ崖、それぞれに地層が見て取れる

い。水平に積もった層は、長年の間に石へと変化し地層と化す。そして私たちの想像を超える大きなエネルギーによって地殻変動が起き、それに伴って水平だった地層は、斜めになったり、逆さになったりする。さらには、グネグネと曲がったり（褶曲という）、スパッとナイフで切れたようにずれたり（断層という）する。

このアニアクチャックでは、地層が緩やかに斜めになった状態で海岸に露出している。小屋に近い地層は古く、小屋から離れて歩き出すと、どんどん新しい時代へとタイムトリップしていくかたちだ。どのくらいの時間を旅することができるのかは、まだ正確にわかっていないが、海岸を歩きながら、数十万年程度の旅はしているのではないだろうか。

意外かもしれないが、私たちが調査するまで、アニアクチャックで恐竜化石調査を行ったのはトニーしかいなかった。アラスカ全体としても、アクセスや補給の難しさが理由で、広大な土地がまだ手つかずのまま残されている。

２０１６年から始めた本格的な調査では、数十個の恐竜足跡化石と恐竜以外の生痕（せいこん）化石を発見した。多くの足跡化石はハドロサウルス科に属する、植物を食べていた恐竜だ。

ハドロサウルス科の恐竜は、恐竜時代の終わりに大繁栄した。口の中で植物繊維をすりつぶすことができ、特に植物を食べることに優れていたのだ。大繁栄して植物を「モグモグ」していたことから、「白亜紀の牛」とも言われている。

発見した足跡化石のなかには小さな足跡もあった。大人になった個体と子どもの個体が一緒に生息していたということを教えてくれる。「親子で仲良く暮らしていました」とまで断言はできないが、少なくとも「ハドロサウルス科の恐竜は、アラスカという厳しい環境でも確かに暮らしていた」という

ハドロサウルス

ことは言える。

## 化石コレクターが顔を出す

「トニー、ここに立ち木が化石として残っているよ」

私は、目の前にある地層の崖を指差して言った。

「木の幹が垂直に立っていて、根っこまで残っている。木が立った状態で土砂に埋もれ化石になったものだね。この根っこと同じ層から植物の葉っぱの化石がたくさん出てくる。こんな綺麗な葉っぱがたくさんあるよ。もしかしたら、この木に生えていた葉っぱが落ちて化石になったのかもしれない」

私は、葉っぱの化石を集めはじめた。立ち木の化石付近からたくさんの葉の化石が見つかる。まるで宝探しのように夢中になる。より良いもの、より多くの種類を探したいという欲が湧(わ)いてくる。恐竜学者として普段は隠している、子どもの時の「化石コレクター」の性格があらわになっていく。

化石を見て「これは○○という種類の仲間で、これまで発見されている場所は○○。世界的にも非常に貴重な化石と言えるでしょう」などと科学的見地から述べるのが現在の仕事だ。対して、「化石コレクター」としての基準は、自分にとっていかに綺麗か、いかにレア物かというところにある。ひとたび化石コレクターモードに変わってしまうと、出てくるのは「スゲー！　カッケー！」という素朴な感想になってしまう。

　夢中になった私は、葉の化石が出る層をたどっていった。ふと異変を感じた。葉っぱが落ちていた地面は水平だ。その層が大きく曲がってくぼんだようなものの断面になっている。

「変な形してるなー」

　そう言いながら、その先を見ると、さらにもう一つくぼみの断面があった。くぼみの大きさは二つとも同じ、40センチ程度だ。

「あ、これ恐竜の足跡の断面だ！　スゲー！」

　心の叫びが口から漏れ出た。この崖には、当時生えていた木と落葉が化石として残っている。森を歩いていたであろう恐竜の足跡も残っている。もしかしたら、その恐竜がこの葉を食べていたかもしれない。7000万年後のいま、そのような光景に再び出会えるとは、なんてドラマチックなのだろうか。

「トニー！　すごいよ。これは恐竜時代のスナップショットだよ」

「当時のアニアクチャックには植物が茂り、それを餌(えさ)にしていたハドロサウルス科の恐竜が親子で群れをなしていた。そんな風景が目に浮かぶよね、ヨシ（筆者のこと）。岩の堆積の様子を見て、ここは河口付近で、海の近くだったたっていうことがわかってきた」

恐竜化石調査では、宝くじを当てるように、運が大発見に結びつくことがある。後の章でお話しするような「全身化石、発見！」というのがその代表だ。その一方で、足跡や植物など地道な情報を収集することで浮かび上がってくる事実こそが大発見であるというケースもある。アニアクチャックでの調査は、まさに後者であり、3年間の調査データを蓄積することによって、当時の恐竜世界を明らかにしようという試みなのだ。少しずつ謎が解けていき、バラバラのパーツが一つに結びつき、大きな像が明らかになる。このジワジワ感も最高である。我々の踏みしめているアラスカにどんな恐竜がいたのか、まだほとんど何も分かっていないのだ。

## 調査後の絶品料理

あっという間に、10日間は過ぎて行った。

調査の最終日を終えた私たちは、釣りをすることに決めた。アニアクチャック川にはサーモンやマスが泳いでおり、それを釣って晩ご飯にしようという計画である。釣竿は2本で、釣りをしたい者が4人。そこで私たちはチームを組んだ。トニーと私、そして院生の二人だ。トニーが釣っているときには、私が監視役。院生たちも必ず一人が監視役になり、近くにグリズリーがいないか確認し、安全を確保する。

1990年代に「リバー・ランズ・スルー・イット」という映画が公開された。ロッキー山脈を流れる川でフライフィッシングを行うシーンが美しい映画だ。フライフィッシングではないが、私たちはルアーでキャスト（投げ込み）し、獲物を狙った。キャストするときにしなる釣竿。そこから投げ出されるライン（釣り糸）。川面に反射する光。奥にそびえる美しい山々。その様子を見ているだけでも心が癒される。おっといけない、いまは監視役だった。

釣果は私が1匹、院生が1匹。いずれもマスだ。体長50センチにもなるマスをその場で捌く。小屋周辺に魚の匂いを残さないために、頭と内臓を川に捨てるのが鉄則だ。

私たち3人が小屋に戻ると、少し前に戻っていたトニーが海岸に立っていた。その手には散弾銃。トニーの体が後ろへ揺れる。少し遅れて銃声が鳴り響く。

近づいて行った私たちにトニーが笑いながら言った。

「明日帰るから、もう散弾銃は使わないだろう。少しでも荷物を軽くするために弾を使ったよ。散弾銃の中にはあと2発残っているから、大丈夫」

それでもあと一日あるのにな、と私は心の中でつぶやいた。トニーは続ける。

「2匹も釣ったのか？　さっきオイスターリーフを摘んでおいたからサラダもバッチリだよ。今夜はご馳走(ちそう)だ」

オイスターリーフは、北半球の北部の砂地に生えるムラサキ科の顕花(けんか)植物で、食べると少しネットリとして牡蠣(かき)の味がする。このオイスターリーフに、オリーブオイルと醬油(しょうゆ)、わさびを入れてかき混ぜるとびっくりするぐらいうまい。

マスの調理に取りかかる。アルミホイルにぶつ切りにしたマスを並べる。オリーブオイルをたっぷりと垂らし、イタリアン風にミックスされたハーブの粉と塩をかける。アルミホイルで包み、薄く水をひいたフライパンに乗せて、弱火であぶる。あとは火が通るまで待つのみ。最高の場所で、最高の仲間と食べる「アニアクチャック風オイスターリーフサラダ　マスを添えて」。最高の料理だ。

食後、余韻を楽しんでいると、テーブルの上から強い香りがするのに気がついた。マスは食べきったはずだがと近づくと、テーブルに置いたままのマスの骨が発生源だった。院生二人に言う。

「このままだと匂いに気づいて、グリズリーが小屋に来ちゃうよ。骨を海まで捨ててきてくれる？」

「ちょっと暗くなってて怖いです。海までいかなきゃダメですか？　海までいかなくても、そこにちょっとした小川が流れているからそこでいいですか？」

「なるべく遠くに捨ててきて」

じつは小屋から海岸に向かうには、生い茂った草地の先にある砂の段を降りなければいけない。高さは1メートルほどだろうか。むろん周囲に明かりなどない。二人は、クマよけスプレーと懐中電灯を握って、おそるおそる外へ出ていった。

## 巨大グリズリー、出現

次の日、穏やかな出発の朝。これからフロート水上機が迎えにくるはずだ。気になるのは天気だが、まず問題ないだろう。小屋の外で空の様子を見ていた私が、海岸の方へ目を移すと、遠くに大きなグリズリーが2頭歩いているのが見えた。茶色の毛並みをしたものと、灰色の毛並みをしたもの。どちらもかなり大きいのは遠目ながらもわかった。

「グリズリーだよ！」

最後にいい写真が撮れるかもしれないと、小屋に戻ってカメラを摑んだ。カメラを構えてしばらく待っていると、グリズリーは徐々に近づいてくる。すぐ手前の海岸まできたところで、生い茂った草で見えなくなった。

「いいところまできたのにな。もう見えなくなったよ」

諦めて、荷物をまとめようと考えて、小屋の中に戻ろうとした時だった。

「あ、やべぇ」

院生の小さな声がした。振り返るとすぐそこには巨大な、茶色の毛並みのグリズリーがいた。2頭のうちの1頭が海岸からまっすぐ上がってきたのだ。

「トニーを呼べ！　散弾銃持ってくるように言え！」

私は、二人に向かって叫び、クマよけスプレーを手にとった。

そして、トニーが放った散弾銃――。

すぐにグリズリーは、動きを止めた。しかし驚いた様子はない。また、高く顔を上げ、周りの様子を窺っている。

銃には残り1発しかない。私は、散弾銃の弾が入っている新しい箱を開け、近くのドラム缶の上にばらまいた。グリズリーはもうすぐそこだ。弾を込める時間がない。

クマよけスプレーで時間を稼ぐ間に、弾を補充してもらうか。

　グリズリーが、また一歩近づいてきた。

「ヘイ！　ベアァァーッ！」

　叫びながら、トニーはグリズリーの頭上の空に向けて最後の1発を放った。本当に撃つわけにはいかない。グリズリーはそもそも保護の対象だし、身の危険を理由に撃ったとしても散弾銃で倒すことなど不可能だ。

　空になった銃を手にしたトニーはゆっくりと、壊れたドアを閉めた。現実逃避なのか、どういう感情からなのか、「やってやったぜ！」という表情だ。でも壊れたドアは半分開いていて、その気ならグリズリーはいつでも入ってこられる。そう、グリズリーはよりによって壊れたほうのドアに近寄ってきていたのだ。

　3秒もしないうち、我に返ったトニーはドアをそっと開け、顔だけ出して外を見た。すると、グリズリーは海岸へと降りて行くところだった。さっきの緊迫感がウソのように、静けさが一帯を支配する。運がいいとしか言いようがない。院生たちがデッキに出て見張る。私とトニーは、平静を装って小屋の中に入って言った。

「トニー、ヤバかったね……」

「俺も手が震えているよ」

## 危機を招いた「理由」

グリズリーの衝撃がようやく冷めたころ、トニーが衛星電話を手に取った。

「ビーバーがキングサーモンを出たそうだ。みんな、すぐに荷物を詰めて海岸へ運ぼう」

すぐに撤収が始まる。気になるのはさっきのグリズリーだが、幸い、海岸には大きな足跡が残っているだけだった。足跡は小屋から海岸へと降り、すぐ近くに流れる小川に続いている。そこに何度も踏みしめた跡がある。

「あれ？　もしかして、君らがマスの骨を捨てたのって、あそこ？」

「はい……」

小川のため、骨が流されなかったのだろう。グリズリーは、私たちの食べ残しの匂いを嗅（か）ぎつけて小屋までやってきていたのだ。

「まあ、終わりよければ、だけどね。今度は、ちゃんと海まで捨てに行こう」

海岸に積み上がった荷物。そのそばでフロート機を待つ私たち。青空が広がり、心地よい風が吹いている。小さく低い「ブーン」という音がする。耳を澄ますうちに音が大きくなり、山の向こうからビーバーが現れた。ほっとした私はバックパックに手をかける。

「調査はどうだった？」

クマのような操縦士が聞く。

「最高だったよ。いいから、早く出てくれ」

それを聞いた操縦士は、エンジンをかける。水を切って走るビーバー。その音が消えると同時に、ふわりと空中へ飛び立った。アニアクチャック湾を旋回しながら上昇していく。海岸を見下ろすと、10日間お世話になった小屋、そこから200メートル離れたところに灰色の点が見える。動いている。目を凝らしてみると、それはもう1頭の灰色の毛並みをしたグリズリーだった。こちらも、すぐそばにいたのだ。

ビーバーはどんどん高度を上げていく。アニアクチャック川の河口が見えてきた。

「ヨシ、これだよ。この風景だよ。俺たちが調査した、恐竜時代のアニアクチャックの風景。海に流れ出る河口付近。深々とした緑に覆われ、生命豊かな環境。今あそこにグリズリーが歩いているけど、あのグリズリーを恐竜に置きかえると、ここは恐竜時代の風景そのものなんだね。追い求めていた恐竜時代は、まさにこのままなんだ」

「そうだね、これだね、トニー」

私は、スイッチの入っていないヘッドフォンのマイクに向かって言った。

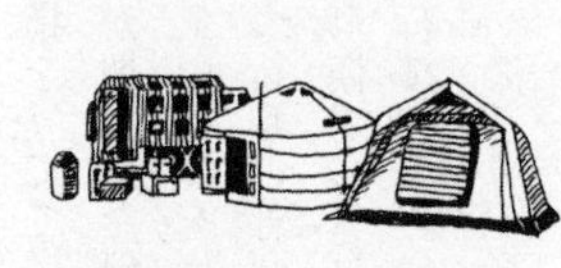

# 第2章

# あれほど欲しかった化石が、いまは憎い

## ゴビ砂漠での人力作業

モンゴル南部に広がるゴビ砂漠。世界でも5番目の大きさを誇るこの砂漠に、ヘルミンツァフという恐竜化石の産地がある。2008年9月、私はその砂の上に立っていた。グリズリーに怯(おび)えたアラスカでの調査から10年前のことだ。本章では化石をどう見つけるか、どう掘り出すかについて、お話ししてみたい。

風が強い。これまで掘ってきた砂があおられて、あたりを舞う。目、耳、鼻、口、穴という穴に砂が舞い込んでくる。顔にゴーグルを付け、さらにバンダナを巻いているが、入り込んでくる砂はとうてい防ぎきれない。見つけた化石の発掘地を広げるために、今日から削岩機と発電機を投入するのだ。昨日までは人力だけで作業を続けてきた。

　すでに出ているのは2メートル近い、巨大な腰の骨。ヨロイ竜のものだ。ヨロイ竜とは、全身を「皮骨」という骨の鎧で覆っていた植物食恐竜の一群で、大きいものになると体長は8〜10メートルもあった。肩にはとげを持ち、尻尾にはハンマー型の「こぶ」を備えるものもいた。ジュラ紀中期から白亜紀後期まで、彼らはアフリカを除く世界中で暮らしていた。

　モンゴル人スタッフがひもを引き、発電機のエンジンをかける。とたんに爆音が響く。親指を立てて、削岩機を持つ私にゴー・サインを出す。

　化石が埋まった斜面に、いとも簡単に突き刺さっていく削岩機。これで一気に骨が埋まっている崖を崩していく。削岩機が削るたびに現れる、新しい岩の表面を注視する。いつ新しい骨が出てくるのかと、興奮を抑えられない。

　この砂漠を歩きに歩き、見つけたあやしい「白い砂」。そこからようやくたどり着いた化石なのだ。全身の骨格がつながった大発見であることを願う。本当に全身が埋まっているのか。それがいまから、はっきりするはずだ。

だが待っていたのは期待にまるで反した結果だった。

腰の骨だけ、それだけしか残っていないのだ。

胴体や頭があるはずの場所をいくら掘っても、軟らかい砂岩ばかりで、骨が出てこない。

ならば反対側の、尻尾はどうか。ハンマー型のこぶがついているはずだと、腰の後ろのあたりを一生懸命掘ってみる。しかし、尻尾もなくなっている。ちょうどお腹のところだけを残して両側を何者かに切断されたかのように、腰の部分しか残っていない。

悔しさのあまり、奥歯を噛みしめる。このヨロイ竜の頭骨や尻尾は、死後流されてしまうなどして、保存されなかったのだろう。

「腰の部分だけでもすごい発見だよ！　これを掘り出して研究しよう」

発掘チームの中心となっている韓国地質資源研究院の恐竜研究者、イ・ユンナムが私の肩を叩きながら、優しく声をかけてくる。

励ましの言葉を聞きながら、敢えて目の前の巨大な腰の骨を掘り出すことに集中した。ついさっきまで、このヨロイ竜の全身化石の巨大さを思い浮かべて歓喜していたものだが、今はその気持ちが憎しみに変わっている。この骨を掘り出すだけで、どれだけの時間が掛かるのか。これだけ重いものをどうやって運び出すんだ。

「こんな大きな腰の骨……。ただ大きいだけだ」

1週間かけてようやく探し出した、待望の恐竜化石だというのに。

## 「ハヤブサの眼」

恐竜化石の発掘調査には、研究者はもちろんのこと、作業を手伝ってくれるスタッフが要る。ゴビ砂漠での調査に欠かせないモンゴル人スタッフは、この時は10人ほど集まってくれていただろうか。彼らはニックネームをつけるのが好きだ。

これまで私が頂戴（ちょうだい）したのは、「ザラ」「ファルコン・アイ」「ウォークマン」の三つ。「ザラ」はモンゴル語で、ハリネズミのこと。どうも、頭を洗った後、髪の毛が逆立つ様が、ハリネズミに似ているらしい。自分ではわからないが、顔もそっち系だということなのだろうか。

「ファルコン・アイ（ハヤブサの眼）」は、私がよく化石を発見することからつけられた名だ。「イーグル・アイ（鷲（わし）の眼）」や「ホーク・アイ（鷹（たか）の眼）」と呼び名がころころ変わるので、獲物を逃さぬ鳥であれば、どの種かはあまり重要ではないようだ。

自分で言うのも変だが、確かに化石を発見するのは得意な方だと思う。数えたことはないが、見つけた骨は数千、全身骨格も数十体はあると思う。その理由の一つに、身長の低さがあると考えている。今回のような国際調査になると欧米の研究者も顔を揃える(そろ)のだが、みんな揃って背が高い。化石を発見するにはもちろん経験が必要だが、背の低い方が地面と目の距離が近くなる。

数十センチの差でそんなに変わるのか？　と思う人がいるかもしれない。だが、この差がものを言うこともあるのだ。この持論はまだ他の人には話してはいないものの、私が身をもって証明していると言っておこう。

目線の低さに加えて、私が心がけているのは「人と同じところを探さない、同じ場所を通らない」ということだ。そもそも砂漠や山の中で何かを探すのは簡単ではない。足元には道すらない。それが何時間にもわたるというとき、人の身体(からだ)は自然と楽をしようとしてしまう。

恐竜の研究者でも、キャンプを出て化石を探しに行き、一日過ごした後、もと来た道をそのままたどって帰る人は多い。そんなところには、宝（新たな化石）は落ちていない。それでは、せっかくのチャンスを無駄にすることになる。

化石を見つけるには、人の歩いた形跡のないところ、つまり、歩きづらいところを敢えて歩かねばならないのだ。どんなに疲れていても、敢えて違う道を歩くように心がけ、化石が落ちていないか目を配り続ける。

三つめのニックネーム、「ウォークマン」は、懐かしいポータブルオーディオプレーヤーのことではない。私がよく歩くことから命名された。どれだけの面積をカバーできたかで発見する化石の数が決まるというのが持論なので、とにかく歩いて、なるべく広い表面積に目を通す。

しばらく探して化石が見つからないと、たいていの人はあきらめモードに入ってしまう。しかし私は違う。むしろワクワクしてくる。新しいフィールド、化石産地に行ったときには、「必ずここに恐竜化石はある」と考えるようにしているからだ。

そこに「ある」ことを前提にすれば、ちょっと探しても見つからない、さらに探しても見つからないと、まだ目を通していない残された土地に恐竜化石の埋もれている確率は、相対的に上がることになる。だったら次の一歩で見つかるかもしれないと、ワクワクするのだ。

## 日没になったらアウト

話は1週間前に戻る。

モンゴルでの発掘調査は、キャンプ生活が基本だ。砂漠に一人用のテントを張り、そこで寝起きする。朝になると調査に出る。日中はなるべく遠くまで歩こうと頑張るのだが、夕方にはキャンプに戻らなければいけない。キャンプを中心に調査をするこの方法では、遠くのフィールドまで足を延ばすには限界がある。私は、早朝に車でできるだけ遠くに連れて行ってもらうことに決めた。歩いてキャンプに戻る、その直線距離上で調査するのだ。距離にして22キロ。正直、ちょっと遠いかなと思ったが、一日あれば十分帰れる距離だ。

「ここで降ろして。ここからキャンプまで歩いて帰るよ」

ゴビ砂漠に来て1週間が経(た)っていた。キャンプ地の周りはある程度目を通してしまっていたし、他の研究者との鉢合わせが多く、新しい化石が見つかる気がしなかった。

この調査は、先述したイ・ユンナムが中心となり、各国の恐竜研究者をかき集めて結成された国際調査隊によるものだ。韓国チーム、米国チーム、カナダチームの三つで構成され、私は米国チームの一員として参加している。

この1週間、みんなが見つけるのは、元々つながっているはずの骨格から外れて、バラバラになった歯や骨の化石ばかりだった。全身骨格など出る気配すらない。これは、もっと違う場所を、違う目線で探さなければと、ひそかに考えた。

なぜ、みんなが見つける化石は、バラバラになった歯や骨だけなのか。参加している研究者たちの動きを思い返してみると、その多くが平坦(へいたん)な砂岩の上を歩いて探していた。

平坦な砂岩の層は、言うまでもなく歩きやすい。さらに、断片的なものではあるが、歯や骨の化石が所々に落ちている。2メートルごとくらいに、綺麗な肉食恐竜の歯や指の骨が落ちているのだから、楽しいに違いない。足元で一つ見つけ、顔をあげるとすぐそこにまた落ちている。誘導されるように、次から次へと、落ちている化石を拾ってゆく。しかし、これではいつまで経っても、全身骨格は見つけられない。そこにある「小銭」を拾い集めて楽しむのがいいのか。それとも、どこかに隠された「宝」を探し当てるのがいいのか。

目の前に広がっている露頭(ろとう)をよく見てみた。露頭とは、地層や岩石が、土壌や植生に覆われず、直接地表に現れている場所だ。平たい砂岩層の上に高さ10メートルくらいの泥岩層からなる急な斜面があり、そこには人が歩いた形跡がほとんどない。斜面が急な上に、その表面はもろく、歩いても歩いても上がることが難しい。

泥岩の地層は、砂岩の地層と異なり、水の流れが遅い川や湖の底に泥が積もったものだ。みんなが探しまわっている砂岩層は、比較的水の流れが速い川で堆積した砂からできている。砂岩に埋もれた恐竜の死骸は水に流されてきたもののため、どうしても断片的な化石になりがちだ。一方、流れが遅い泥の地層に化石があれば、頻度は低いものの、一体分丸ごと残ったもの、つまり全身化石である可能性がある。

みんなが避けている、この泥岩層で化石を探す価値はあるだろう。そこで私は、この泥岩の急な斜面を歩いてみることにした。

この斜面は、泥岩が風化してできたもの。細かく壊れており、砂場を歩いているような感触で、歩くと足を取られてしまう。しかも急な斜面なので、水前寺清子の「三百六十五歩のマーチ」並みに、「三歩進んで、二歩さがる」状態だ。バランスを取りながら、ずり落ちないように足を運ぶ。両足の筋肉をフルで使いながら前へと進む。足の疲労は、すぐにやって来て、膝ががくがくし始めているのを感じる。かなり歩いたなと感じて、振り返って見ると、ほんの１００メートルほどしか進んでいない。

（こんなペースで、どこまで足が持つものなのか）

それにしても、化石の出る雰囲気がない。みんなが探している砂岩とは大違いだ。

（泥岩を歩くなんて選択、間違ってたかな？）

そんな思いがよぎるものの、「次の一歩を踏み出せば、宝がある。あと一歩。あと一歩」と自分に言い聞かせながら、前へと進む。

## あやしい「白い砂」

午前中は何とか頑張って、この斜面を歩き続けた。さすがの「ウォークマン」も足腰が疲れてくる。ハンマーで斜面をお尻の形に掘り、くずおれるように腰を下ろした。疲労を感じながら、バックパックを開け、潰れて中身が出てしまったサンドイッチと缶ビールを取り出す。

真上から照りつける太陽はすべての影を消してしまっている。逃げ場のない砂漠のど真ん中。暑さで汗が流れるが、乾燥した空気がすぐ水分を奪っていき、皮膚の上で塩の結晶へと変わっていく。温いビールが、喉を通るたびに生きていることを感じさせる。サンドイッチをほおばると、エネルギーが戻ってきた。目の前には美しい渓谷が広がっている。

渓谷の対岸で鷹が空を旋回している。こんな厳しい環境でも彼らはしっかりと生きている。たくましいものだ。水は少なく、餌がどこにあるかもわからない。

そう考えながら、私は後悔した。悠長にこの風景に浸っている場合ではない。キャンプまでは、まだ遠いのだ。今朝、バックパックに詰めて来た水の消費も思ったより早く、このままではテントに戻るまで持たないかもしれないと不安がよぎる。

ＧＰＳユニットを見ると、キャンプまでまだ15キロ以上ある。ずいぶん歩いたと感じていたが、実質は7キロほどだったのだ。それもそのはず、ＧＰＳが示すのは直線距離のみで、実際には斜面を上がったり降りたり、砂丘を越えたりもしたから、思った以上に疲労は蓄積されているのだ。

ちなみにこのＧＰＳユニットは、見つけた化石の緯度・経度を計測、記録するもの。精度の誤差は数メートルに収まる。ただ残念なことに、私の持っているユニットには砂漠で私の居場所を誰かに知らせたり、ＳＯＳ信号を発信したりしてくれる便利な機能はついていない。何がなんでも、自力でキャンプまで戻らねばならないのだ。

バックパックを肩に担ぐ。さっきよりも重く感じる。これまでの泥岩の地層よりも少し下に降りて、斜面を歩く。同じような急斜面だが、さらさらとした黄色っぽい砂が広がっている。泥岩の上を歩いていたと思っていたが、ここは砂岩の地層のようだ。

それでも、みんながすいすい歩いている砂岩層よりも、砂の粒が細かい。よく見ると、目の前の黄色い砂の中に、今まで見たことのない砂が散らばっていた。白い砂だ。

少しずつその砂に目を近づけていく。いや、明らかに砂粒ではない。細かいものの、いびつな形をした白い物体。それを人差し指と親指でひとつつまみして、手のひらに載せる。ルーペを近づけて、白い物体を凝視する。

「骨だ、間違いなく骨だ！」

周りの砂の岩とともに、骨化石は雨風にさらされ、細かく砕かれている。それでも、骨特有のスカスカした構造は保持されており、「わたしは骨よ！」と全身で主張している。足元を見ると、それは広範囲に広がっていた。

（結構大きな骨かも……）

取り敢えず掘ってみるしかないと、「七つ道具」をバックパックから取り出す。フィールドノート、GPSユニット、ブラントンコンパス（方位磁針、水準器、鏡、照尺(しょうしゃく)などを組み合わせた小型の測量測角器具で、クリノメーター機能も備える）、ルーペ、ハンマー、ブラシなどのうちからまず手にしたのは、ブラシだ。砕けて粉になった骨の周りを優しく掃いてみると、さらにその奥から粉状の骨が出てくる。次第に粉の粒は大きくなっていく。2センチくらいの深さを掃いただろうか、その下から硬い骨の塊が出てきた。頑丈なアイスピックを使って、さらに掘り込んでゆく。骨の周りの石は軟らかく、簡単に掘り込むことができ、骨はどんどん大きくなっていった。

１時間ほど掘り続けると、形があらわになってきた。長細く、大きく湾曲している。掘り出した部分だけで長さ70センチ、幅５センチを超える。表面はツヤツヤしており、じつに美しい。それが恐竜の肋骨（ろっこつ）であることは容易にわかった。

時計を見ると、午後２時を回っていた。帰路につく時間だ。ゴビ砂漠の夏の夕暮れは午後７時半くらいだ。暮れてしまえば、砂漠で頼りになるものは懐中電灯しかない。発掘の続きは、明日にしよう。明日戻ってこられるようにＧＰＳユニットにこの地点を登録する。

埋め戻す前にもう一度、大きな肋骨を見つめる。これまでに見たバラバラの歯や骨とは様子が違う。より川の流れが遅いところで保存された肋骨。この続きがあるかもしれないと淡い期待が湧（わ）いてくる。だがもう長居はできない。命の危険が生じる。高まる期待を抑えこみ、道具をバックパックにしまい、肩に担ぐ。同じバックパックが、さっきよりも軽く感じた。

## 恐竜学者の師匠

暗くなる前に何とかキャンプにたどり着いた。足は文字通り、棒のようだ。顔にへばりついた汗の結晶は層になっている。いくら顔を洗っても、ジャリジャリ音がするほどだった。

メインテントからいい匂いがする。晩ご飯ができているようだ。顔を洗い終えた私は、その匂いの方向へと歩き出した。

メインテントの前では、この調査に参加している研究者が裸足になって座り込み、日が沈みかけて冷たくなった砂の中へ素足を潜り込ませていた。それぞれ冷えたビールに口をつけている。私も缶ビールを手にする。

「ファルコン・アイ、今日はどうだった？　だいぶ歩いていたようだけど、何か見つけた？」

米国サザンメソジスト大学のルイス・ジェイコブス博士がバンダナを外し、笑いながら語りかけてくる。よほど疲れて見えたのだろう。

ルイスは私の大学院の恩師で、イ・ユンナムは同じサザンメソジスト大学で博士号を取っているため、私の先輩にあたる。２００４年に私がこのテキサス州の大学で博士号を取得したとき、博士論文の審査委員は５人だった。主査がルイスで、残る４人の委員もこの国際調査隊に参加している。カナダ・アルバータ大学のフィリップ・カリー、モンゴル科学アカデミーのリンチェン・バルズボルド、第１章でも登場したトニー・フィオリロ、ルイスと同じサザンメソジスト大学のデール・ウインクラーだ。いずれも第一線の恐竜研究者である。

また、調査に参加している中国地質科学院のル・ジュンチャンも、サザンメソジスト大学で博士号を取っている。つまりジュンチャン、調査の中心を担うイ・ユンナム、私の３人は、サイエンティフィックな意味における兄弟なのだ。ルイスは、これまでアメリカやカナダ、イギリスが中心だった恐竜研究において、アジアの次世代を担ってもらいたいという思いで、私たち３人に博士号を与えていた。そしてみんなの夢が叶い実現したのが、この調査だった。

「まあ、いくつか化石は見つけたよ。気になるのは、肋骨。肋骨1本かもしれないけれど、でも、もしできるならもう一人二人、助っ人が欲しいかな。砂岩なんだけど、砂粒が細かくて、流れが遅いところでできたものだ。もしかしたら、もっと骨が埋まっているかもしれない」

するとと、ジュンチャンが手を上げた。

「俺が行くよ」

## 現れたヨロイ竜

次の日、私とル・ジュンチャンはGPSユニットを頼りに肋骨の場所へと戻った。昨日と同じ、雲ひとつない暑い日。景色がいいのが、せめてもの救いだった。

昨日掘った肋骨を掘り起こす。ジュンチャンが声を上げた。

「これは良い化石だ！」

すぐに二人で取り掛かる。恐竜の化石を数多く発掘しているジュンチャンは手際（てぎわ）がいい。どんどん骨を岩から掘り出し、むき出しにしてゆく。1本の肋骨が2本になり、3本になっていく。それもかなり大きい。平行に並んでいる肋骨の先を掘り込むと、これまでとは違う、平たい大きな骨が出てきた。二人で顔を見合わせる。

「なんだ、これ？」

1メートルほどの長細い腸骨だ。腸骨は、坐骨（ざこつ）や恥骨（ちこつ）とともに腰の骨を構成している。しかも、肋骨と腸骨はつながっているようだ。私たちは、目の前の化石がたまたま流れ着いたバラバラの骨ではなく、骨がつながった状態の全身骨格であることを確信した。ガッツポーズが自然と出る。

「やっと見つけた！　全身骨格に違いない」

腸骨は片方だけではなかった。両方の腸骨がつながっており、その腰の幅だけで2メートル近くある。その形状から、この恐竜がアンキロサウルスのようなヨロイ竜であることがわかった。ここゴビ砂漠のヘルミンツァフで以前発見された「タルキア」という恐竜である可能性もある。ただ、それを確認するには、さらに特徴のある骨が必要だ。どの部位でもよいが、できれば頭骨が欲しい。どんどん欲が出てくる。

巨大な腰の骨の周りを掘るだけで、丸一日かかった。全身骨格であることを確信した私たちは、キャンプに戻って報告する。研究者たちは半信半疑ではあったが、次の日はさらに人数を増やすことに同意した。

翌日から、私たちはこの骨格をひたすら掘り続けた。参加人数は多くなり、発掘の主力メンバーを含む10人に

タルキア

増えた。削岩機と発電機を投入して、本格的に掘りすすめた。しかし、発掘は成功した、とは言えない。なぜなら、10人で掘り続けた結果が、本章の冒頭でお話しした「腰の骨しかない」という結果だったためだ。

## 不可解な骨が次々と

「こんな大きな腰の骨……。ただ大きいだけだ」

そんな私の気持ちをよそに、みんなは淡々と作業を進めていく。周りの岩を外側から慎重に掘り込み、腰骨の全体像を把握する。ただ、どんなに周りを掘り込んでも、直径2メートルの塊よりも小さくできなかった。これでは掘り出したとしても、運び出すことができない。

私たちは、腰の塊を何とか分割できないかと模索する。骨と骨の狭い隙間(すきま)を探し、そこをポイントとして、大きな塊を小さな塊にして取り出す作業だ。様々な状況での発掘を行っている私たちでも、じつに困難な作業だった。

削岩機から手を離し、七つ道具に持ち替える。ちょうど「かご」のようになっている腰の骨、その中を掘り込んでいく。ヨロイ竜が生きていたころは内臓があったが、今は空洞になっているはずの腰骨の中。それなのに、内部から次々と部位不明の骨が見つかる。

「邪魔だな……」

とつぶやきながら掘っていると、表面がごつごつしている骨にぶち当たる。こんな骨、腰の中にあるはずがない。首をひねりながら、ごつごつしている骨の表面を出してみると、大きな卵を縦に二分した片割れのような形をしている。

摩訶（まか）不思議な骨だなと思っていたが、もう片方まで出てきて、それが何か、ようやくわかった。

「ヨロイ竜の尻尾だ！　この二つが一緒になって、大きな塊になっているのか。この塊は、尻尾の先端についている、ハンマーのようなこぶだ！」

腰の中から尻尾が見つかることもあるものなのかと感心しながら、こぶの先端からたどっていくと、つながった尻尾の骨が続く。なぜなのかはわからないが、ヨロイ竜の尻尾は根元で180度折れ曲がり、本来後ろに伸びているはずの尻尾が、腰の骨の中へと入っていた。尻尾の先にあるこぶまでが残っているという偶然に遭遇（そうぐう）した。

この尻尾を壊さないようにしつつ、大きな塊を分割していかなければいけない。運がいいことに、尻尾の真ん中あたりで亀裂が入っている。この亀裂を利用すれば、ダメージを最小限に抑えて尻尾を取り出し、塊を分割できるかもしれない。

これまで一人でやっていた尻尾の発掘作業を、前出のイ・ユンナム（みな彼のことをユンと呼ぶ）と手分けして行う。ユンはこぶの部分を、私は尻尾の脊椎（せきつい）の部分を担当した。掘り込んでいくたびに、尻尾の保存状態の良さがわかってくる。複数の椎骨が、重い骨の塊であるこぶを支えるように、ずらっとつながっている。

尻尾の脊椎を追いかけて、奥へと掘り進んでいくと、再び表面がごつごつした骨が現れた。「やっとユンが掘っているこぶにたどり着いたかな?」と顔を上げ、ユンのほうを見る。しかし、ユンが作業しているこぶの骨は、私がたった今掘り当てたごつごつしている骨から、数十センチも離れている。こぶがもう一つあるのかと疑問に思いながら、ごつごつした骨の周りをもう少し掘り込んでいく。

どうもこれは、ユンが作業しているこぶとは違うようだ。

表面のごく一部だが、露出した骨はまるで皿のような形をしている。その「皿」の下側はざらざらだが、内側はざらざらしていない。まったく不可解な形である。

「ユン、何だと思うこれ？」

ユンも不思議そうな表情をしている。

「こっちからも、三角錐（すい）の表面がざらざらした骨が出てきた。こぶじゃない。ヨシの骨とつながっているのかな?」

しばらく二人の間に沈黙が流れる。顔をかしげ、角度を変えながら、この骨が何か考える。顔をほぼ逆さになるくらい回したときに、パズルが解けた。

ひらめいた私は大きく目を見開き、ユンの顔を見た。まるで鏡を見るかのように、ユンも私と同じ表情をしている。

「頭だ!」

二人で叫んだ。これがヨロイ竜の全身骨格だとわかった瞬間だった。しかも一番大事な頭骨を発見したのだ。これぞ、夢にまで見た全身化石だった。

## ヨロイ竜に何が起きたか

ヨロイ竜の腰骨の中にあったものは何だったのか。私が掘り当てた皿状のものは上顎(うわあご)の「くちばし」の部分で、ユンが見つけた三角錐の部分は、頭の後ろの方にある突起ということが判明した。

私たちはハイタッチをし、子どものように飛び跳ね、抱き合った。

「こんなことなんてあるの? 尻尾も頭骨も、腰の骨の中にある空間に入っているなんて！」

少し冷静になった私たちは、お互いに疑問を投げかけ合った。

目の前にあるヨロイ竜の腰の骨は、大きな「かご」のようになっている。そして周囲の岩を見ると、このヨロイ竜が生きていた当時の川は、頭の方から尻尾の方にかけて流れていたことがわかる。

私たちの見解は次の通りだ。

川辺で息絶えたヨロイ竜。肉の腐敗は進み、骨が露出していく。幸いなことにほかの恐竜や動物に大きく食い荒らされることはなかったが、手や足の骨は少しずつバラバラになり、下流へと流されていってしまう。ただ頭や残された骨格は一つにまとまった状態のまま、次第に川の流れに従い、下流へと流されていく。

やがて、尻尾の先にあるこぶが、船のいかりのように川底に引っかかる。腰の骨が水の流れに押されつづけるうちに、引っかかったこぶを軸にして、尻尾が根元で折れる。さらに水が腰の骨を押しつづけるが、こぶが重りになって、流されずにすんだ。そこに上流から頭骨が流されてきて、幸運にも、かごのような腰の骨の中に収まる。そのうち土砂が次々と流れてきて、ヨロイ竜の骨格をゆっくりと埋めていった――。

その後、長い年月をかけて、地層が積み重なっていく。それが地殻変動と隆起により、偶然にも砂漠の地表に現れることになったのだ。

全身骨格の発掘では、広い面積を発掘するケースが多い。映画「ジュラシック・パーク」では、砂を掃くと恐竜の骨格がまるごと出て来るような発掘風景が描かれているが、あんなことは、ほとんどない。今回は「ジュラシック・パーク」ほどではないものの、運良く、大事な骨がすべて腰の「かご」に収まっていた。私たち恐竜研究者にとって、発掘するには非常に都合のいい状態なのだ。

だが喜んだのもつかの間、新たな問題が出てきた。

## トイレットペーパーと石膏で

「大事な尻尾と頭骨を犠牲にすることはできない。この大きな塊を二分割しようと思ったが、できなくなった。こうなったら、これを一つの塊のまま、『ジャケット』にして持っていくしかない」

ジャケットとは、化石を取り囲む母岩(ぼがん)から露出している骨化石を、壊さずに運び出すために作るものだ。化石は、一般に思われている以上にもろい。化石化した骨は、言ってみれば石なのだが、保存状態によっては、手にしたとたんにボロボロと崩れてしまう。そのため骨を保護する必要がある。そもそも骨化石は周囲の岩と密着していることが多く、現場では岩から外さずに丸ごと掘り出すのがよい。骨を露出するような細かい作業は、ラボ（研究施設）に戻ってからやるべき仕事なのだ。

母岩の外側から骨に向かって掘り込む。ある程度掘り込んだら、準備完了。まず、露出した骨に水で湿らせたトイレットペーパーを被せる。トイレットペーパーは、次に被せる石膏が骨にくっつくのを防いでくれるほか、石膏をはがす際に剥離剤としても作用する。ちなみに、トイレットペーパーはいつも現地調達だ。

次にバケツに水を入れ、石膏を溶かす。帯状に切った麻布を石膏に浸し、母岩ごと骨を覆っていく。骨折したときなどに固定する、ギプスの要領だ。石膏に浸した麻布を何重かに巻いたら石膏が固まるまで待つ。乾いたらひっくり返して、反対側も同様に麻布で覆う。

こうしてできた石膏で覆った塊全体をジャケットと呼ぶのだ。

私たちは巨大なジャケットを作りはじめた。かなり大きな体積のため、ジャケットがゆがみにくくなるように、2×4（ツーバイフォー）という建設用の板を添える。さらに板ごと石膏で覆い、強度を高める。

2時間ほどかけて、直径1・5メートルほどの、円盤状の巨大なジャケットの上側が完成した。推定で2トンはあるだろうか。

　乾くのを待ちながら、私たちはとんでもないスケールのジャケットを作ってしまったことを後悔する。完成させるには、ひっくり返して下半分も石膏で覆わなくてはならない。「ひっくり返す」と簡単に言ったが、重さ2トンの白い巨大な塊だ。そしてここには、こんな大きな物体を持ち上げるための重機はない。本来、このような作業をするときに必要なのはクレーン車やフォークリフトだが、砂漠のど真ん中の急な斜面に、重機が入れるような場所はない。トラックは斜面の20メートルほど上にあって、ここまで持ってこられるはずもない。巨大なジャケットの上半分が「できた」ところで、どうやってひっくり返せばいいのだろうか。

## モンゴル人スタッフの知恵

　私たちが英語で相談しているそばで、スタッフたちがモンゴル語で何やら話し始めた。

　発掘調査のたびに痛感することだが、モンゴルの人たちは、道具がない状態でも何とかしてしまう、知恵の塊のような人々だ。先進国出身の私たちは知恵に乏しい。便利な技術に頼りすぎてしまっているのだろう。

しばらく話し合ったと思ったら、彼らはどこかへ消えてしまった。そして10分もしないうちに戻ってきた。その手には、ジャッキが2個、土嚢袋、牽引ロープ、分厚い板が握られている。

説明が始まる。彼らの計画はこういったものだ。

発掘の際に出た大量の砂を袋に入れ、土嚢をたくさん用意する。ショベルでジャケットの下を掘り込み、十分な隙間ができたら、ジャッキを噛ます。その下を掘り込んでも、ジャケットが落ちてこないようにするためだ。もし落ちてくれば大怪我をしかねない。さらに土嚢はジャケットが砂に沈み込まないよう支える働きもする。

ジャッキで少しずつジャケットを持ち上げ、隙間に土嚢を噛ます。安定させたら分厚い板を土台にし、そこにジャッキを入れ、さらに持ち上げて隙間に土嚢を噛ます。これを繰り返してジャケットを角度45度くらいまで傾けたら、牽引ロープをジャケットに掛けて、垂直になるまで大勢でゆっくりと引っ張る。

ジャケットを垂直に立てたら、ジャケットを倒す方に、土嚢を大量に積む。勢いよく倒してしまうと、ジャケットの中の化石が衝撃で壊れてしまうので、そっと倒さなければならない。そこで、ジャケットを土嚢側に押す者と、牽引ロープで倒す反対側から引く者に分かれ、力を調整しながらゆっくりと土嚢の上へと倒していく。ジャケットが土嚢に届いたら、あと一歩。ここからはさっきの逆をやればいい。ジャッキを嚙ませ、土嚢を抜く。ジャッキを降ろし、土嚢を抜く。

その構想力に感心しながら、モンゴル人の指示に従う。すると、時間はかかったが、不思議なくらいうまく、巨大なジャケットをひっくり返すことができた。こうやって知恵を使い、自然を味方につければ、不可能に思えることも可能にすることができるのだ。

ひっくり返したジャケット。裏側を見ても、その巨大さは変わらない。私たちは黙々と、反対の面に石膏を浸した麻布を掛けていく。1時間もしないうちに巨大な白い塊が完成した。

2時間後、石膏の乾燥は終わり、ジャケットは完成した。ここで新しい問題に気づく。この巨大なジャケットをどうやってトラックへ運んだらいいのか。ここは急斜面の中腹だ。トラックが入れそうな斜面の下と上までは、それぞれ標高差がかなりある。正直、ノー・プランだった。

「また、いいアイデアをよろしく……」と声に出さず願い、欧米人を含む私たちは、モンゴル人スタッフの方をチラチラ見る。しかし、今度ばかりは、彼らもお手上げのようだった。何せ重量が2トン。8人がかりでもひっくり返すのがやっとなのだ。

斜面の下に車を持ってくればどうかとも思ったが、運転手はこんな峡谷の底へ車を進めるのは自殺行為だと言う。確かに、仮に車をジャケットのところまで持ってくることができたとしても、2トンのジャケットを積んだ車は、そのまま身動きが取れなくなるだろう。

トラックには、長いワイヤーがついたウインチ（巻き上げ機）が装備されていた。伸ばしてみると予想以上に長く、もう少しでジャケットに届くことがわかった。斜面の上から伸ばしきったワイヤーからジャケットまでの距離は10メートル。標高差が3メートルほどだろうか。さっきジャケットをひっくり返すときに使った牽引ロープをジャケットに巻けば、ワイヤーに届く。ワイヤーと牽引ロープで、ジャケットをトラックのウインチにつなげることができる。あとは、ウインチを巻き上げるだけだ！

答えを得た私たちは、素早く行動を始めた。計画通り、牽引ロープをジャケットに巻き、ワイヤーにつなげる。あとは上から引っ張り上げてもらうだけだ。トラックのエンジンを掛け、ウインチでワイヤーを巻く。次第に、ワイヤーと牽引ロープが、ピンと伸びていく。

私たちは固唾（かたず）をのんで、その様子を眺めていた。ウインチの力がジャケットにゆっくりと伝わり、ジリッとジャケットがずれたのがわかった。その途端だった。牽引ロープがジャケットの重さに耐えきれず、ワイヤーとのつなぎ目が轟音（ごうおん）を発して切れた。渓谷中に音が響きわたる。誰もが声を失った。

## 最後の関門

これではうまくいかない。牽引ロープを二重に巻けば何とかなるかもしれないが、二重にすると長さが短くなり、ジャケットまで届かない……。だが使えるものはほかに何もない。周囲には店も町も、親切な住人もいない。二重にした牽引ロープをワイヤーにつなぎ直し、どこまでジャケットを移動すれば届くか考える。横に5メートル、上に1メートル動かせば、何とか届きそうだ。大した距離には聞こえないだろうが、何せ相手は2トンあるのだ。

さっきジャケットをひっくり返した要領で、横へと移動させていく。ここまでは問題ない。問題は、高さ1メートルの移動だ。

さきほどと同じ要領で、斜面の上に向かってジャケットをひっくり返してみたが、高さはあまり稼げなかった。ジャケット自身の重みで下にずり落ち、砂に埋もれてしまうのだ。高低差にしてやっと30センチくらい上がっただろうか。めげずに再度行なってみる。さらに30センチ上がったような気がする。

クタクタになった私たちは、崖すれすれに停めてあったトラックをさらにギリギリまで近づけられないかと、運転手に頼んでみる。反応は良くなかったが、どうにか了承してくれた。浮かない顔をした運転手は、数センチ単位で慎重にトラックを前に出す。しかし1メートルも前に出さないうちに、これが限界とサインを送ってきた。渓谷の底へと落ちてしまえば大事故だ。

斜面を駆け足で降り、ジャケットの元へと戻る。「うまく行ってくれ」と願いながら、ワイヤーを引っ張り、牽引ロープをジャケットの方へ持っていく。ロープが何とか届いた！ ウインチがゆっくりと巻き上げられ、ついにジャケットが動き出した！

ズルッ、ズルッ、と音を立てながら、少しずつ斜面を上っていく。斜面を滑るというよりも、地面を削っている。ジャケットがいかに重いかが、溝（みぞ）の深さからも実感できる。私たちは「ゆっくり、ゆっくり」と大声を上げながら、ジャケットを見つめる。

これまでの苦労がウソのようにスムーズに移動してゆく。数分もしないうちに、巨大ジャケットは斜面の上に達していた。

さて、最後の作業だ。この巨大ジャケットをトラックに積み込むのだ。地面とトラックの荷台の高低差は、1・2メートルほど。どのようにすれば、トラックの荷台に乗せることができるか？　一つ問題を解くと、さらに難しい問題が出てくるクイズ番組のようだ。

私たちとスタッフが出した答えは「逆転の発想」によるものだった。ショベルを使って、深さ1・2メートルほどの大きな穴をトラックのタイヤの間隔で二つ掘る。トラックを注意深くバックさせ、後輪を穴に入れる。トラックの荷台は、地面の高さと同じになる。もう気づいただろうか？

ついに2トンのジャケットが斜面の上へ

答えは、ジャケットを上げるのではなく、トラックの荷台の高さを地面と同じにする、だ。

地面と荷台に渡す板を2枚敷く。再びトラックのウインチを使い、荷台の隙間からワイヤーを通す。ワイヤーをジャケットに引っ掛けてウインチを巻けば、板の上をジャケットが滑り、荷台へと導かれていく。

自然と拍手が湧いた。

このヨロイ竜は、モンゴル人スタッフの知恵なしには発掘できなかった。「最適な道具がなくともなんとかしてしまう」。驚きの発想力のほかに、彼らについて書いておきたいのはもう一つ、めちゃくちゃ腕力が強いということだ。

まず体格が良く、根本的に力が日本人と比べものにならない。男たちは暇さえあれば相撲をしている。夕食で一緒に飲めば必ず、私も相撲をする羽目になる。そして必ず負ける。これは私が特別に弱いわけではなく、日本人が勝つのは一度も見たことがないということもここでお伝えしておきたい。

# 第３章 大発見は最終日の夕方に起きる

## まだ日本に帰れない

大発見は、予期せぬ形で起きることがある。しかも必ずと言っていいほど、最終日の夕方に。２０１１年、この「営巣地(えいそうち)の発見」もそうだった。

この年はゴビ砂漠の東部、ハラフトゥール（黒い山の意味）で大きなテリジノサウルス類を掘り出していた。同地は前章のヨロイ竜を発掘したところから８５０キロほど東に位置する。

ここでゴビ砂漠について解説しておこう。誰もが知るように、アジア大陸と日本は、日本海によって隔てられている。だがゴビ砂漠一帯に露出している地層、白亜紀後期の時代には事情が違った。日本海は存在していなかったのだ。日本列島の原型はアジア大陸の東海岸にあたり、ゴビ砂漠も陸続きだった。この時代の恐竜たちは、「当時の日本」とモンゴルを行ったり来たりしていたのかもしれない。つまり、モンゴルの恐竜を知ることは、日本にかつて棲（す）んでいた恐竜を知ることにつながるのだ。

掘り出したテリジノサウルス類はいい状態で、とにかく巨大だった。ただ周囲に岩が多く、重機を入れないと掘りきれない。その発掘を4年がかりでようやく終えたところだった。

その後すぐ帰国しなかったのは、あるツアーに「参加」することが決まっていたからだ。化石発掘をしたいアマチュアが参加する日本のツアーで、もちろんモンゴル政府の許可を得ている。ただツアーには掘り出した化石を研究する仕組みがないため、また発掘した化石を確実に管理するため、モンゴル科学アカデミーのリンチェン・バルズボルド博士から声が掛かったのだ。

博士から委託を受けるかたちで、2006年からツアーで出た化石を〝監督〟することになった。ちょうどこの前年、北海道大学の総合博物館に職場を移したタイミングでもあった。

　このツアー、わが国の化石好きに大好評で、初年には２００人がゴビ砂漠に集結したという。発掘現場はウランバートルから車で４時間ほどなので、アクセスも難しくない。その後、参加者数はだんだんと落ち着き、現在は20人ほどが常連となっている。彼らは化石を掘りたい。だが毎年同じことをすればマンネリ化してしまう。

　ツアー10年目に、「参加」し始めた私は、予定になかったメンバーの案内人の役目も引き受けることになった。彼らがなかなか足を延ばせない、専門家のフィールドに連れてゆくのだ。

　見ず知らずの彼らにこのようなサービスをするのにはもちろん、立派な下心がある。こちらは労せずして、指示を聞きながら動いてくれる20人の発掘スタッフを得られるのだ。彼らはアマチュアだが、毎年やっているうちに半プロ集団になってくる。揃いも揃って化石好き、だからこそ非常にまじめである。

　ただ、そうそう現実は甘くない。私は「案内役」に加えて、「先生役」も担う羽目になるのだ。一日の発掘が終わってキャンプに戻ると、熱心なメンバーはレクチャーを頼みに来る。その一人が、広島から来た小学校教諭のK子さんだった。

（ちょっと荷物を置いて、着替えて、ゆっくりしたいんだけどな）

　内心思いつつも、彼女が持ってきた骨を見ながら解説を行う。

「これはオルニトミムス科の右の前足、1番目の指の2番目の骨ですね」

私の説明としてはこれで終わりなのだが、彼女はそれでは終わらせてくれない。

「なんで、そう分かるんですか?」

細かくメモも取りながら、次の質問を放ってくる。好奇心旺盛なのは分かるが、疲労と空腹とでこっちの説明はつい雑になってしまう。するととたんにこうだ。

「ちゃんと教えてください!」

K子さんは、こうして取ったメモをレポートにまとめ、私の研究室に送ってきてくれる熱心さを持ち合わせた人でもある。


**「小林さん、小林さん」**


翌日はツアーの最終日。20キロほど離れたジャブクラントという場所に行きたいという声がメンバーから上がった。いまキャンプしているのは白色の地層だが、そこには赤い泥岩の地層が広がっている。地平線には赤い丘が見えて、言いようもなくきれいなのだ。夕日に照らされると、丘は燃えているようにも見える。

参加者は盛り上がっていたが、私自身は気持ちが乗らなかった。過去に行ったことがあり、化石があまり出ないと分かっていたからだ。

赤い泥岩の地層は、足場が悪く、表面が崩れて登りづらい。期待できる化石も、ヤマセラトプスという小さい角竜類くらいだ。ただまあ、それでも探してみるかと自分を納得させ、結局ジャブクラントに出かけることとなった。

ジャブクラントに着いて、数時間歩いて見ると、予想通りヤマセラトプスの骨がちょろちょろ落ちているだけだ。いつものように暑い一日で、痛いほどの日差しにも体力を奪われてくたくたになっていく。化石が見つからないので、さらに疲労が増していく。日没近くなって涼しくなったが、日中は灼熱だったため、体力は完全に奪われ、もう一歩も歩きたくない。

そのうち太陽が地平線に落ちてきた。黒い影が長く伸びて地面が見えなくなっていく。泥から見えているのが化石なのか石なのか、判別すらつかなくなる。

（ここで終了だ）

最終日ということもあって、気持ちは「帰国モード」に入っている。これからウランバートルに帰って、シャワーを浴び、どんなおいしい料理を食べようかと考えながら、私は重い足を引きずって、停めていたジープに先に向かった。

あとちょっとでジープに着くという時、誰かが手招きをしながら、私の名前を呼んでいるのに気づく。100メートルほど離れたところに4、5人が集まって話しあっていた。それをちらっと横目で見ながらも、私はジープのドアを開けた。

「小林さん、小林さん」

呼んでいたのは、あのK子さんだった。

返事をする前に、さらに声をかけられる。

(もう、荷物も降ろしたんだけどな……)

私は、引きつった笑みのまま、K子さんの方へと近づいて行った。

「これ何ですか?」

そう言って、小さな卵のかけらを手渡してきた。かけらを見た瞬間、ため息が漏れる。いつもはなるべく優しく語りかけるように心掛けているが、この時ばかりは疲労の蓄積のため、つい口調が荒くなった。

「ダチョウか何かの卵の殻でしょう。恐竜時代のものではなくて、たまに地面に落ちています」

鳥類の卵殻は、本当に色々な発掘現場に落ちているものだ。モンゴルからよく出てくるのは、太古の大型のダチョウの卵で、恐竜が絶滅した後、哺乳類(ほにゅう)と鳥類が繁栄した新生代の地層からも出ている。私自身、過去に日本に持ち帰って調査したところダチョウという結果が出ていた。

だがK子さんは続ける。

「ちょっと待ってください。殻だけじゃなくて、卵がいくつか地面に埋もれて、巣のようになっているんですけど」

そんなはずはない、そんなものがあった例しがないと思いながら、仕方なくその「巣」というものを見に行く。K子さんは「巣」のところでしゃがみ、指をさす。すると、先ほど手渡されたような卵の殻がたくさん落ちているのが目に入ってくる。

卵の化石とは不思議なものだ。骨化石と違って、化石だと認識するまでに時間がかかる。二つの画像の相違点を探すクイズを解いているようで、見えないときはまったく見えないが、見えはじめるとジワリジワリと浮き上がってきて、いったん見えると化石以外ではあり得ないというくらいはっきりと見える。

最初は1個しか見えなかった卵の破片は、10個に増える。そして10個が50個に、100個にと増えていく。ついには、無数の卵殻が落ちているだけではなく、リング状の構造を作っているのが見えてきた。ダチョウなんかじゃない。それはまさに直径15センチくらいの卵の集まりで、K子さんの言葉通り、紛れもなく恐竜の巣だった。彼女の方に目をやると、「やっと見えたの？」とあきれたような顔をしている。

予期しなかった出来事のため、目の前にある巣が何なのか、しっかりと把握することができない。ただ、この発見の価値は、その瞬間、直感的にわかった。

（もう日が沈みそうなのに、何でこんなタイミングで発見を……）

口から出そうになったその言葉を飲み込み、地平線に沈もうとしている太陽を見つめながら、目の前の巣をどう処理すべきかを考える。あまりの時間のなさに、正直何をすることもできない。取り敢えずGPSユニットで緯度経度を計測し、フィールドノートにスケッチ。写真を撮って、一通りのデータを記録する。

「また来年。来年にしましょう」

私は、自分に言い聞かせるように繰り返しそう言って、巣の上に土をかぶせた。

## モンゴルで初めての営巣地

翌年、私はツアーメンバーと共に赤い泥岩の現場に戻ってきた。

まずは埋めておいた巣を掘り返し、ほかにも巣があるかもしれないと周囲を探すことにした。巣がある場所は小さな丘が連なる斜面で、足場が悪い。斜面の上から作業すると落ちそうになるし、下から作業するのも難しい。

**斜面に広がる営巣地、白丸でそれぞれの巣を示している**

「ここに巣があります」

「こっちにも！」

　次々に発掘メンバーの声が上がる。どうやらそこら中に同じような巣があるらしい。その巣一つ一つに卵が確認できる。多い巣で20個ほどあり、その周囲に割れた殻がばらばらと落ちている。

　計測するとその範囲は22×52メートル。ちょうどオリンピックなどで使われる50メートルプールの広さのなかに18の巣があることが分かった（上の写真の範囲内では17）。

　これは営巣地だ。しかも、とてつもなく大きな規模のものである。

　巣が複数まとまって作られた場所を営巣地という。ある地点に、同じ種類の恐竜たちが巣を作り、卵を産んでいるというのは何を意味するのだろう。

　そう、それは彼らが、集団で行動していたことを示す証拠にほかならない。

ただし巣が18個も見つかる営巣地は、世界的にも珍しいのだ。もちろん、モンゴルでは初めてのことだった。調べなくてはならないことが、山のようにある。

巣と卵の形状から、いずれも同じ恐竜のものと考えられる。18頭もの恐竜がここで同じ時期に卵を産んだ風景を想像したくなるが、その前にまずは巣が同じ時期に作られたものか、あるいは違うのかを確かめなければならない。

たとえばツバメは、ある場所を好んで巣作りし、翌年も同じ場所に戻ってくることで知られている。翌年、同じツバメが戻ってきて新しい巣を作ったという場合、そこには巣が二つ見て取れるだろう。だがそれを営巣地とは言えない。巣を作ったのは同じつがいだからだ。

18の巣はどうなのか。これらの巣が同じ時期に作られたものなのかを確かめられれば、営巣地であると断言できる。そのために必要なのは層準（そうじゅん）の判定だ。この赤い泥が積み重なったジャブクラント層のなかでも、巣が同じ地層（層準）にあるのかどうかを見極めるのだ。

細かく調べていくと、このあたりの白亜紀後期の地層がどういう環境だったかが分かってきた。近くにはかつて大きな川が流れていた。氾濫源（はんらんげん）にもなり得る大河で、その両側には自然に築かれた堤防ができていた。営巣地は、その堤に接するところに位置している。

そして18個の巣はすべて同じ層準に作られていることが分かる。つまり同じ時期に18頭が卵を産んだということだ。さらに周囲の、川によって浸食されたところやまだ埋もれている層の面積を加味すると、最大56の巣があることも考えられる。

営巣地の全景を知るためには、フォトグラメトリーという三次元技術を用いた。当時はドローン技術がいまほど進んでいなかったのだ。周囲の小高い丘から複数の写真を撮り、それを合わせたデータに巣の位置情報を落としていく。近いところでは１メートルの距離に別の巣がある密集地であることも分かった。

ここで大きな疑問が浮かんでくる。この営巣地の主は誰なのか。何という恐竜のものなのだろうか。

翌年の調査後に、テリジノサウルス類の可能性が非常に高いという結果が出た。恐竜の卵はクリーム色で、球に近いものが多い。種類によって大きさや形状が異なるが、卵を見ただけではどの恐竜の卵かと結論することはできない。研究室へ持ち帰り、断面を切って顕微鏡で見ながら、ほかの化石と照合するというやりかたで確認するのだ。

テリジノサウルス類は白亜紀後期に生息していた獣脚類(じゅうきゃく)で、大きいものでは、体長が8～11メートルにもなる。ティラノサウルスも属する獣脚類の恐竜であること、また前肢に90センチにもなる長い爪があることから肉食だと誤解されがちだが、テリジノサウルス類は植物食だったと考えられている。

これまでに発見された獣脚類の営巣地は2例しかない。一つはアメリカ・モンタナ州のトロオドンの営巣地で、巣が八つほど見つかったが層準のデータはついていない。二つめのポルトガルの営巣地は巣が二つだけだ。

最終的に、ジャブクラントの発見はモンゴル初であると同時に、世界でも3例目、そして世界初の規模というとんでもない大発見であることが分かったのだ。

すべてはあのK子さんの気づきから始まった。

テリジノサウルス

## 掘ってはいけない

発掘メンバーは作業をまじめに進めてくれている。ふと見ると、そのうちの一人がぱらぱらと落ちている卵の殻を拾い集めては、袋に詰めている。

「ちょっと待った！　これは、大事な……これは、ここは、クライムシーンです!!」

意味不明だっただろうが、作業は止まった。驚くメンバーたちを集めて、私は渾身（こんしん）の説明とお願いを開始した。

卵の化石発掘では、絶対やってはいけないことがあるのだ。

初めて卵化石を見つけたのは１９９６年だった。場所はほかでもない、このゴビ砂漠である。先述したバルズボルド博士の調査に参加し、連れて行かれた草原を調べていた。ほかの参加者がどんどん諦（あきら）めてゆくなか、私はほんの少し岩が見えている地面に落ちている卵の殻に気がついた。その地点を掘ると綺麗（きれい）な巣が現れた。卵は幾つもある。周囲の何人かと話し合い、とりあえず卵の一つを持ち帰った。

「なぜ、卵を取ってきたんだ！　卵というのは状態が大事なのであって、巣から取れば大事な情報が失われてしまう。なぜこんなことをしたんだ！」

博士からこっぴどく叱（しか）られた。卵をその場所から取り出してはいけないというのだ。

全く同じ台詞を、２００７年にカナダのダーラ・ゼレニツキーからも聞くことになる。

彼女は卵化石研究の第一人者として知られる、カルガリー大学の博士だ。以前、一緒にここジャブクラントで調査することになった折に、卵が見つかると彼女に声をかけるようにしていた。だが何を何度伝えても、掘りにゆく気配を見せない。ちらっと見て「分かった」というだけ。

どうして、と聞くと彼女は言った。

「絶対に掘らなければいけない状況にならない限り、このままにしておかないといけない。巣のどこにあるのか、卵の化石はその位置ひとつにしても、生活の跡を残しているもの。位置を変えてしまったら、その情報がなくなってしまう」

バルズボルド博士とダーラの教えが鮮やかに脳裏によみがえる。そもそも、二人がここまで警鐘を鳴らすのには理由がある。

素人（しろうと）はとにかく掘りたくなるのだ。ここで言う素人とは、卵化石の素人を指す。つまり、私も含めた研究者だって該当するわけだ。私自身はバルズボルド博士に叱られて以降、一度も禁を破ってはいないことをお伝えしておく。

そもそも卵化石の発掘はそれ自体が難しい。骨とまた違って、卵の「固さ」はまちまちなのだ。1個丸ごとが無傷で残っているものは希少で、そう見えたとしても、持ち上げた途端に思わぬ亀裂からぱかっと割れたり、下半分を地面に持っていかれたりする。そうなってしまったら、研究対象としては台無しだ。

営巣地を発掘するメンバーに私は伝えた。

「散乱している卵の殻も、生活の跡を残しているという点で同じくらい重要なものなのです。卵の殻を拾って、巣を綺麗にしたくなる気持ちは分かります。でもそうすると、犯罪現場の捜査と一緒で、状況証拠が全部なくなってしまうのです。

殻を巣の近くに集めるのはいいですが、こっちの巣の殻もあっちの巣の殻もまとめて、殻だからって同じ袋に入れないでください。そしてとにかく、下手に触らないでください」

前年、あからさまに面倒くさそうな態度をとっていた小林が、厳しい研究者に豹変(ひょうへん)したので、メンバーも戸惑っただろう。正直なところ、営巣地と分かった時点ですべての扱いについて段違いに慎重になったのだ。実際、ここから3年かけてさらに詳細なデータを取っていくことになる。

## アタリの卵を探せ

次に調べなくてはならないことは、胚(はい)化石が存在するかどうかだ。

まれに化石になった卵のなかに孵化(ふか)間近の赤ちゃんの骨が残っていることがある。

これを胚化石と呼ぶ。なぜこの胚化石が貴重なのかというと、それがすなわち恐竜の進化の過程を表すからだ。

受精卵から胚ができ、生まれるまでの成長過程は、恐竜も、動物も、人間もすべて同じということが分かっている。胚が魚類になり両生類、爬虫類、哺乳類・鳥類へと進化の過程をたどるため、恐竜の胚は、恐竜の進化そのものをたどれる重要な資料ということになる。

そしてもちろん、見た目の問題として、中身があればよりよいものであることは言うまでもない。

「胚化石……胚化石……」と呪文のように唱えながら巣を回って調べるが、なかなか見つからない。比較的状態のよさそうなものを調べても、卵の中身は空ばかり。がっくりした気持ちが一同に漂い、現場の雰囲気は悪くなっていく。

卵の発掘に使用するのも、いつもの「七つ道具」だ。ステンレスのデンタルピック。それから千枚通しのように長い針、砂や泥を吹き飛ばせるブロワー（本来はカメラレンズのホコリを飛ばすもの）、小さいブラシや刷毛がここでも役に立つ。

これらを駆使しながら、地面に埋もれている真ん丸な卵を一つずつ、底まで見ていく。直径13〜15センチの大きさであっても、骨が出て来るかもしれないと慎重に進めると、1個につき20分以上かかる。だが、いくつ中身を探っていっても、ハズレばかりなのだ。ただし卵自体の保存状態は、なかなかいい。

（あれ、おかしいな……）

ハズレを重ねるうちに、あるパターンに気がついた。

掘りはじめの、卵の上のほうは、周囲と同じ赤い泥が詰まっている。内部の中ほどまで進むと白っぽい土に変わり、石の粒と小さな殻が混じってゆく。その下はもっと大きな石の粒があり、底には卵の殻がある。

もう一つ、もう一つ。

いつもはフィールドで化石を探しながら、周囲の地層を読んでいる。どんな環境だったのか。何が起きていたのか。しっかり目視できる範囲で数メートル分の地層を読もうと努めているのだが、気がつくとこの卵でも地層を読んでいた。ただかなりスケールの小さい地層だ。卵内部を探っていくのは、いわばミクロな地層の発掘なのだ。中身が三層になっている高級プリンだ。

掘りながら、プリンを食べているような感覚も覚える。それも本物の卵を使い、中身が三層になっている高級プリンだ。

赤い泥、白い泥、底に卵の殻。

この卵も、その次の卵も同じパターンだ。胚はそのどれにも見当たらず、決まったように中身はこのパターンで、ここには意味がありそうだ。

突如浮かんだある考えに惹きつけられたとき、私の頭からは「胚化石」の呪文は消えていた。卵の中に胚がない理由が分かった！ それは、すべて孵化したからなのだ！

## 驚異の孵化率

想像してみてほしい。恐竜の赤ちゃんが卵から出ようともがく。割れた殻がまず周りに落ちる。赤ちゃんが手足を使って孵化に成功すれば、さらに殻が散乱し、その一部は卵のなかにも落ちて残る。その後、残された殻には土砂が少しずつ入り込み、巣全体は地面に埋もれてゆく——。

どこにも胚が見当たらない。つまり、この巣の孵化率が非常に高いということに他ならない。これはいったい何を意味するのか。

ばらばらと落ちた殻がさっきまでと違う意味を帯びて見えてきた。注視すると、内側を上にして落ちている破片と、外側を上にして落ちている破片の2種類がある。この差は何なのか。発掘3年目は一つ一つのデータを改めて取りはじめると同時に、先行研究がないか調査した。すると、あったのだ。

残された殻の向きから、その卵が孵化したかどうかを判定した論文もある。海外の研究者がカメやワニなどの殻の向きを統計的にデータ解析したものだった。

この新たな気づきから、営巣地の発掘は新たなフェーズに入ることになる。それは、「ハズレばかり」の落胆が、新たな世界的発見につながる第一歩だった。様々な状況証拠と先行研究を掻き集めると、バチンと音がするようにかみ合い、ストーリーがくっきりと見えてきたのだ。

恐竜に限らず、生き物の卵は産みっぱなしにすれば孵化率が低くなる。ほかの動物の餌になるからだ。ウミガメの産卵を思い浮かべてほしい。母親は産むとすぐに海に戻って行ってしまうため、孵化するまで卵を守る者は誰もいない。たとえば近年、奄美大島ではイノシシがウミガメの卵を砂から掘り出して食べる被害が続いているという。親がいなければ、食われ放題になってしまうわけだ。

孵化率に注目して調べると、さらに面白い研究が見つかった。ミシシッピワニから得たデータで、ワニは子育てしないと思われているがそうではないという。ある地域に生息するアメリカンアリゲーターというワニの子育てには、三つのパターンがある。タイプ1のメスは、卵を産むとすぐ姿を消して「育児放棄」する。タイプ2のメスは卵の近くに留まるが、敵が来ても、卵が襲われても知らん顔。そしてタイプ3のメスは捕食者が来たら威嚇(いかく)して追い払う。それぞれの割合は3分の1ずつだという。

卵が食べられてしまう確率を考えてみる。もちろん捕食者が来たら威嚇して追い払うタイプ3の場合が捕食される確率が最も低い。この研究と比較すると、少なくともテリジノサウルスは卵が孵化するまで巣の近くに留まっていたということが考えられるのだ。

これまでにも、恐竜が子育てしていたことを示す痕跡が見つかっている。例えば、「良い母親トカゲ」という意味の名前を持つ恐竜、マイアサウラ。抱卵(ほうらん)していた証拠を残している恐竜もいる。鳥に近い恐竜、オヴィラプトロサウルス類のシチパチや、トロオドン科のトロオドンなどがそれだ。しかし、子育ての進化をたどるにはまだ不明な点が多く、世界的に見ても、完全な解明のためには、まだ証拠不十分という状態である。

## 見えてきた「恐竜の鳥化」

さらに営巣地の調査を進めると、テリジノサウルス類の巣は、地上に掘られた穴の中心に複数の卵が集まっている形状をしていることが分かった。これは鳥の巣と対照的だ。一般的に鳥の巣では卵が周囲に沿ってドーナツ状に並ぶ。母親がその中心に座って温めるためだ。つまりこのテリジノサウルス類は抱卵しなかったのだ。いやそもそも、この恐竜は体長8〜11メートルと大きいので、座れば即座に自分の卵を潰(つぶ)してしまう。

だが恐竜の卵であっても孵(かえ)すためには熱が要る。同じ爬虫類のワニは卵を植物などで覆(おお)って塚を作り、その土壌が腐る時に出る熱や地熱、太陽光を利用していることが知られている。

では恐竜はどうしていたか。多くはおそらくワニと同じように塚を作り、そこに溜(た)まる熱で卵を温めていただろう。だがご存知のように、爬虫類的な恐竜から、鳥型の恐竜へと進んだのが大きな進化の流れだ。世界中の恐竜研究者の成果によってその事実が明らかになった。いまや恐竜ファンの子どもたちは誰でも知っていることだが、念のために言っておこう。いま現代に生きている鳥類は恐竜の直系の子孫である。

そして鳥型への進化、「恐竜の鳥化」こそ、私がもっとも重きを置く研究テーマでもある。ちなみにさきほど突然、鳥やワニを持ち出したのにも意味がある。私たち恐竜を研究している者は、決して恐竜だけを見ているわけではない。絶滅した恐竜の祖先系がワニ類で、末裔が鳥類なので、恐竜の行動や姿形を推測するためにはワニ類と鳥類の双方を見比べるのだ。

　進化の流れと、先行研究から導き出せることとは何だろうか。

　鳥類のように抱卵はできないが、孵化率から推測して、産みっぱなしでもない。テリジノサウルス類の子育ては、恐竜が典型的な爬虫類の子育てから鳥類の子育てに進化していった過程のちょうど中間に位置するのではないか。彼らは監視行動をしながら敵を追い払い、孵化率を上げ、より多くの子孫を残すことに成功したのではないか。

　このような仮説を立てて、さらに調査と研究を進めていくことになった。ただ論文として学術誌に投稿するには、さらに何年も要する子細な作業が必要だ。データを揃え、研究を読み合わせる日々が続いた。

　恐竜や哺乳類など絶滅脊椎動物の研究（古脊椎動物学）における最大の学会は米国古脊椎動物学会である。２０１３年10月にロサンゼルスで開催された同学会で発表したところ、９００を超える研究発表の中から「注目度の高い研究」（毎年10本ほどが選ばれる）として取り上げられ、記者発表を行った。この研究は仮説の段階から有望だとみなされたのだ。

先述したように、これまでにも卵や巣の発掘をしたことはある。ただ、どの恐竜のものか特定（同定）ができて終わり、ということが続いていた。子育てや進化の道筋までもが視野に入ってきたジャブクラントでの営巣地発掘。その始まりは、アマチュアをひきいての発掘ツアーだった。K子さんをはじめ、参加メンバーなしにはこの大発見はなかったことに感謝しておきたい。

想像するだに恐ろしいが、「ダチョウの卵殻にすぎない」「何かの巣ですね」で、もし済ませていたら、もし2年目に戻ってこなければ、それまでの話だった。

最後に正直に言うと、卵の化石は見た目が悪い。骨化石の美しさとは雲泥の差だ。実際、私が「この卵はすごいんです」と実物を見せながら人々に解説したところで、返ってくるのは「そうなんですか」という反応のみだ。骨化石は、たとえ一部であってもその曲線や色、艶（つや）で人の目を惹きつけてしまう。歯や爪、頭骨……ましてや全身化石ともなれば、それが放つ魅力と威力ははかりしれない。

ここで一度冷静になっておこう。どんな化石にも共通することは、それがただの〝石〟にすぎないということだ。注意を払わずに見るのであれば、どの化石にも価値は見出（みいだ）せない。大事なのは、ハズレと言われる結果が出ても、現場で取れるだけのデータを取っておくこと。それを繰り返していくうちに、世界的な発見に至るのが醍醐（だいご）味（み）なのである。さほど特徴もない殻ひとつに、恐竜の進化を語らせることができるのがこの研究の面白さなのだ。

私たち研究者の仕事は、いかにその化石の持つ情報を引き出せるかにかかっている。誰も見ていない視点で目の前の化石を見ること。固定観念に縛られないで、いろんな可能性を探りながら、化石が語ろうとしている声に耳を傾けること。この二つこそが重要なのだ。法医学者が死者を細かく観察することに近いように感じている。

情報を集めていくと情報が勝手に教えてくれる。努力しているのは、そこに落ちているデータをなるべく取りこぼさないよう掻き集めること。卵の化石のかけら一つに重要なメッセージが隠れているのだ。

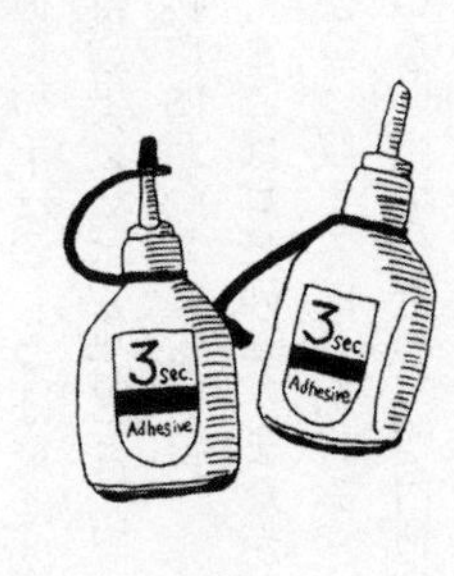


# 第4章 恐竜化石を「殺す」のは誰か

## またしても中国製接着剤が

「僕ら研究者は恐竜の骨を、赤ちゃんを扱うように、慎重に扱います。掘り出し、綺麗にして研究していく。だがあいつらは現場でガンガン壊して、良いところだけ持って帰る。歯とか、爪（つめ）をです。本当にカネのためだけに、大事な恐竜を壊す。本当にむかつきますよね」

話しながら、語気が荒くなっていくのを感じていた。

海外までカメラを持って単身やってきたディレクターはそれを逃さず撮影し、「むかつきますよね」は深夜に全国放送された（2017年11月、TBS系「クレイジージャーニー」）。

あの時、私の目の前には中国製の接着剤が落ちていた。化石が盗掘された地点では必ずその容器が見つかる。彼らは出てきた化石に接着剤を塗りつけ、運ぶ過程で割れたり欠けたりしないように「保護」する。その扱いの粗雑さから、欲しいのはカネだけなのだと知れる。

使用済み接着剤のすぐそばには、片手ではつかみ切れない、立派な脊椎(せきつい)がごろごろ転がっていた。乱暴に掘り出されたのち、捨てられたものだ。

恐竜化石の大敵、盗掘者のしわざだ。盗掘なんて、大昔のことではないかと思う読者は多いだろう。あるいは映画の出来事のように響くかもしれない。だがそれは違う。彼らの手は、じつは驚くほど私たちの身近に迫っているのだ。そしてこの問題は、「恐竜を含む、化石とはいったい誰のものなのか」という古くてホットな議論にも密接に関わっている。

ここはゴビ砂漠。またかと思われた方もいるかもしれないが、この砂漠は日本列島が三つ収まる広さを誇る。このとき私がいたのは、これまでほとんど研究者が入っていない国境付近の「空白地帯」だった。

モンゴルと中国の国境が真ん中を東西に貫き、岩でできた丘や山も点在するエリア、それがゴビ砂漠のなかの「空白地帯」だ。このうち中国側から国境に向かって北に「攻める」調査が行われたのは1996年から98年で、当時大学院生だった私も参加した。97年にはオルニトミモサウルス類の胃石を見つけ、大きな論文発表をすることになる（第7章）。しかし、「空白地帯」のうちモンゴル側エリアの調査は長らく叶わなかった。その理由は二つある。

一つめは1992年まで、モンゴルが社会主義を掲げていたという理由だ。モンゴル人民共和国は建国時よりソビエトと関係が深く、モンゴル側の空白地帯に入ったことがあるのは1960年代のソビエト隊だけだった。

彼らの報告書には、貝化石や中生代の骨が出ることが書き残されていた。これがこの地帯に関するほぼ唯一の資料となる。その後モンゴルが資本主義国となった後も、国境地帯であることから立ち入りは厳しく制限され続けていた。

空白のまま残ったもう一つの理由は、ここまでわざわざ来る必要がなかったことだ。他の地域から素晴らしい恐竜が出るのだから、研究者が敢えてチャレンジする必要がない。道が悪く、時間もお金もかかるところまで来て、さらに何も見つけられないリスクを誰が好んで抱えたがるだろうか。

アメリカやカナダの調査隊が好んで入るのは、モンゴル側でも「空白地帯」の北西にあるエリアだった。私も１９９６年から何度も入っている。ヨロイ竜（第２章）、デイノケイルス（第９章）を掘り出せたが、ほかの調査隊が行かないフィールドを求めて、２００６年からはその北東でも調査を始めた。ここで見つけたのが前章の営巣地で、ここ数年は夏になると空白地帯の東西、どちらにも出向いている。

細かい話になるが、東西の地層は、どちらも同じ白亜紀のもの。だが東側がより古くて、西に行くにつれちょっとずつ新しい地層が地表に出てくる。

では、一体、「空白地帯」はどうなっているのか。依然、詳しいことは分からない。ただ言えるのは、調査も発掘もされていないということは、すなわち入れさえすれば大当たりの可能性があるということだ。

## モンゴル軍に発掘申請

そして２０１７年９月、モンゴル側の「空白地帯」の調査が叶うことになった。ただし、期間は１週間。

発掘調査には、その国の政府による許可が必ず要る。まず入国前に申請書を出しておき、現地に到着したら最寄りの役所などに行って、改めて手続きをする。おかげで毎年、年が明けると各国政府への書類手続きで忙しくなる。2月、3月までに提出しなければ、その夏の発掘ができないのだ。発掘の概要に目的、参加者のリスト、様々な証明書類。毎度のことながら、書類作成は大変だ。

「いい化石が見つかったなら、滞在延長してもっと長く調査を続けてはどうか」とよく言われるが、そうしない理由の一つがこの申請にある。1日延長するだけで、たいへんな事務作業が要るのだ。また帰りの飛行機や、チームの都合もある。掘りきれないとなったら、翌年また来ようと切り替えてしまうほうがスムーズなのだ。「化石がそれまでにほかの人に取られないの？」と心配をされるが、もちろん掘りきれない骨の位置をＧＰＳユニットで記録したあと、誰にも分からないように埋め直している。

今回は国境沿いに入るためモンゴル軍への申請も必要だった。発掘場所は、国境までわずか40キロなのだ。いったい中国との国境はどうなっているのか、壁やフェンスが設けられているのかとモンゴル人運転手に聞いてみると、答えは「何もない」。車で走っているうちに気づかずあっちへ行ってしまうのだという。うかつに近づかないほうがよさそうだ。

いつも驚かされるのだが、モンゴルの人々はGPSユニットに頼らずに、正確に目的地に着く。ほとんど目印になるものがないこの砂漠を、方向感覚と距離感をしっかりと保ちながら、走行できるのだ。その秘訣をちゃんと聞いてみたことはないが、おそらく太陽の位置や遠くに見える山、町と町を結ぶ電線などを目印にしているのだろう。

調査が始まった。外国人が珍しいのか、一日に数回はモンゴル兵が確認にやってくる。「空白」は、ここへ来た自分が埋めなくてはいけない。いや、自分で埋めたい。朝8時にキャンプを出発、ウンドルボグドという山の麓を小走りに歩き回る。歩けば歩くほどデータが集まってくる。ここに川が流れていて、植物があって、植物を食べる恐竜がいてと、当時の風景がなんとなく分かってくる。私はいま恐竜が歩いていた地層の上に立っているのだ。

岩を構成する砂粒の大きさを見ると、比較的小さい。小さい砂粒は、その川の流れがそんなに速くないことを教えてくれる。化石があればいい状態で埋まっている可能性がある。

「ありそうなんだけどな……」

つい声が出る。骨のかけらを見つけては捨て、見つけては捨てるうちにあっという間に時間が経ってい（た）た。

オルニトミモサウルス類の恐竜の足の指。ハドロサウルス科の子どもの脊椎。脊椎の発見が三つ目、四つ目と続いて、ハドロサウルス科の大人の骨も見つかった。

予想以上だった。「空白地帯」には、かなりの量の化石が埋まっていそうだ。だがそれ以上に、想像を超えていたのは盗掘の跡だった。ここは研究者が入る前から、盗掘者に荒らされていたのだ。奴（やつ）らは無駄なことはしない。全身化石が出るかどうかを見極めると、ショベルカーなどの重機で掘り出し、欲しいところだけ取って去っていく。その無残さはお伝えした通りだ。

## 鉄則は、「持ち帰らない」

「恐竜の研究者だって、同じように化石を掘り出して、国外に持ち出すんでしょう」と言う人がいる。だがそれは違う。

恐竜の骨や卵を掘り当てても、私はそれを持って帰ることはしない。ヨロイ竜をはじめ、本書でお話しする化石はすべて、現地の研究施設へ運んだ。どれほど小さな、たとえば歯の一つでも、持ち帰る態勢で来てはいないのだ。

じつは様々なタイプの調査隊があり、化石をそのまま自国に持ち帰って研究するスタイルの研究者もいるが、私はその国に化石を置いてくるのを鉄則にしている。現地の研究機関でクリーニング作業をしてもらい、以降はそちらに顔を出して研究すればいいからだ。そうすれば事前の発掘申請は「掘ったものをウランバートルの研究所に持って行く」という許可の範囲で済む。手間は日本へ持ち帰るための許可の数分の一である。

また現地入りする際の準備や装備も、コンパクトなものに留められる。そして何より大事なことは、化石を、出てきたその国に留めることが、現地の恐竜研究者を育てることにつながるということだ。

敢えて言おう、恐竜の化石を、ほかの国に持ち出す意味が私には分からない。私にとって化石は研究させてもらう対象だ。「してやる」のでは決してない。現地の人と共に宝を見つけて、その価値を研究という形で高めてゆく。

日本での発掘でも同じことだ。たとえ私の勤務する北海道大学が発掘を行っても、「化石をよこせ」なんて要求は決してしない。化石は、それが埋まっていた町や村、市の宝なのだ。後述する本邦恐竜研究史上最大の発見である「むかわ竜」(カムイサウルス)のケースで言えば、北海道むかわ町の宝であり、同時に日本全体の財産に他ならない。

化石の所有権は誰にあるのだろうか。発見した人のものなのか、その土地を所有している人のものなのか、それとも発掘に金を出した人のものなのか。

様々な考え方があろうが、恐竜の化石は基本的には文化財であり、その国のものになる。だが、それがすべてではない。「自分が見つけてやった」と考える研究者もいれば、各国独自のルールもある。例えばアメリカなどでは私有地から出た化石は、土地の所有者のものになる。そういう判例がある以上、それを悪用する人が出てくる。

私には、その考え方は違うと思えてならない。「その国から出た化石はその国の宝である」以外のロジックでいくと、限りある宝が失われてしまうことになるのだ。

近年、各国による取り締まりは厳しくなる一方だ。化石を「借りる」という体裁を取りつつ手元にキープし続ける研究者への対策として、研究や展示のために借用する場合でも、短期間で戻さなければならない状況になってきた。

## 化石売買には100％反対

さらに深刻なのは、盗掘された化石が売買されているという問題だ。この問題について、私のスタンスはずっと変わらない。化石の売買には100%反対。ここでいう化石には恐竜はもちろん、アンモナイト、三葉虫なども含まれる。個人で楽しむには構わないが、売買するとなると話が違ってくるのだ。

東京をはじめ地方の中核都市では毎月のように「フェア」や「ショー」という名のマーケットやイベントが開催されている。なかには驚くべきレベルの化石も、商品として売られている。

この化石マーケットを、いつかこの世から消滅させたいというのが私の願いだ。禁止薬物とまったく一緒で、業者にお金が回ってしまうので、個人が売っても買ってもいけない。

「いやいや、そうじゃない。もう市場に出ているものを放っておけば個人の手に渡り、二度と日の目を見なくなってしまう。だから買うことは救済、レスキューになるのだ」

いかにも正論のように主張する人もいるが、私はそうは思わない。問題は、いま出ている化石どころではないからだ。

例えば、ティラノサウルスの歯。日本で買おうと思えば、イベントでも、ネットでも、いくらでも見つかる。値段はじつに様々だ。それらが元々、一つだけ地面に落ち

に、盗掘者がいいところだけ、つまり素人にも分かりやすい部分だけを取り去ったために残骸になってしまった。

それらはもともとは世紀の発見だったかもしれない。科学的な概念を覆す存在だったかもしれないのだ。同じゴビ砂漠を歩き回ってきた者として何とも歯がゆく、怒りしか覚えない。

日本で売られている化石は、中国、北米、アフリカなどからも到来している。各地での〝乱獲〟で、化石は確実になくなってゆく。骨目当てでやみくもに掘り出してしまえば、貴重な情報の半分以上が失われる。研究は掘る時点から始まるのだ。

化石フェアの店頭で「ワイオミング州で出たティラノサウルスの歯ですよ、貴重なものです」と説明があったとしよう。あるいは説明プレートがついていたとしても、信じられるだろうか？　ちょっと考えれば、その情報のいずれにも信頼性がないのが分かる。

素性が怪しい化石に、鑑定書を出す機関や専門家は存在しない。中国が化石の売買を禁止するようになったとたんに何が起きたかというと、「モンゴル産」という説明がついた明らかに中国産の化石がマーケットに登場するようになった。そんな状況のなかで、限りある化石が闇に消えてしまっている。

## 発掘を禁止できないジレンマ

だが難しいのは、そこにジレンマも生じるということだ。化石の売買を徹底的に取り締まるため、研究者以外の化石発掘を禁止したとする。北海道や福井、群馬などで人気のアンモナイト発掘も、一般の人は現場立ち入りを含めてすべて禁止したとするなら、どんな事態が起きるだろうか。

とたんに新たな恐竜化石が見つからなくなるのだ。

北海道には全国から、愛好家の人々がアンモナイトを掘りにやってくる。もちろん地元にもそうした人が多く、彼らは実際すごい標本を所有している。愛好家の観察眼のおかげで、恐竜化石が見つかっているという面があるのだ。

アンモナイトを狙(ねら)っていたところ、ちょっと見たことがない化石が出てきた。それを近くの博物館の人に見せたら——という エピソードが、他でもない、「むかわ竜」発見の始まりだったというのをご存知の方もいるかもしれない(詳細は第8章)。日本では数少ない、化石が出る地層が人の眼にさらされることで、発見につながっていることも事実なのだ。もちろん私も、かつてそのようなアマチュア発掘者の一人だった。

そしてもう一つ、インターネットに絡んで新たな問題も出てきている。

アンモナイト愛好家のお父さんがいるとしよう。休日のたびに発掘に出かけ、その成果を大事にコレクションしていった。倉庫を借りるほど増え続けた化石は数十年後、お父さんが亡くなった瞬間に遺族にとっての「ゴミ」へと変わる。

量が量だし、捨てるにも捨てづらい。ネット経由で処分しようと考えるのが自然だろう。悩んだ家族がふとネットを見ると、同じような化石に50万円の値がついていた。

いまマーケットに流れている品物には、こうした背景を持つものも少なくない。

研究者の我々がなすべきことは、アマチュアの人たちとの協力と連携だ。発掘で最低限押さえておくべきこと、標本の価値とは何か、売買で失われるものは何かについて納得してもらったうえで、フィールドに入ってもらう。見たことのないアンモナイトや恐竜らしき化石が出てきたら知らせてもらう、という協力態勢を作っていけないか模索している最中だ。

条件の整備なしに、「売買はいけない」という規制や取り締まりを行ったところで、地下マーケットの拡大につながるだけだ。

アマチュアによる発掘にも、時間と労力が掛かっている。それは同じようにして化石を追う私もよく理解している。だからこそ、対価として幾らかを受け取りたい気持ちも分かるのだが、化石を売買すること自体の問題点をぜひ知ってほしい。

「クビナガリュウの骨があるから、見てください」

そう言って研究室に現れた男性がいた。本物だという自信があったのだろう、私が鑑定し終えると彼は満足げにこう言ったのだ。

「これ１００万円になるんですよ」

途端に浮かんだ表情から私の怒りを察したのか、彼からは二度と連絡がない。

## ニセ恐竜論文事件

化石は高く売れる。その話が広まると、偽物(にせもの)の化石さえ生まれる。その舞台の一つが中国だ。

羽毛がはえていた痕跡(こんせき)が化石で確認できる、希少な一群を羽毛恐竜という。掘り当てた地元の人にちょっとずつお金が払われるようになると、彼らは農地を放棄して化石を探すようになった。そして売りはじめる。売りはじめると、見た目が良ければ良いほど高く売れることが分かる。ただし、良い化石というのはそうそう見つからない。

そして何が起きたか。彼らはそのへんにあるばらばらになった化石を掻(か)き集めて、偽物の化石を作った。つなぎ合わせたのだ。

そのいい例が、「アーケオラプトル」だ。種類の違う恐竜をつなぎ合わせたニセ骨格を研究者が購入した。プロフェッショナルが騙(だま)されるほどその「作品」はよい出来だったのだ。この化石は、「これまでにない恐竜が出た、アーケオラプトルという恐竜だ」というかたちで1999年の「ナショナルジオグラフィック」誌に記事として載った。じつは掲載直前に、カナダのフィリップ・カリー博士をはじめとした研究者が、アーケオラプトルについての別の論文を出す予定だった。しかし彼らは、研究を進めるうちにその標本が少なくとも三つの化石を組み合わせた作り物だと気づいた。その旨(むね)を伝えたときにはすでに手遅れ、記事が載った雑誌の印刷が始まってしまっていたという。

私自身にも、偽物化石を見た経験がある。「めちゃくちゃいい化石だ」と声が出てしまった。だがつぶさに見ていくと、これは作っているなと分かる。すごいのだが、違和感がある。どこかがおかしい。

中国のある博物館で小型肉食恐竜の骨格を見せられたときのことだ。綺麗で、これまで見たことがないタイプの頭骨であった。研究していいと言われたので、しばらく時間をもらって、その標本の記録を取り始めた。結局、その頭は骨の寄せ集めだったのだ。私たちプロをも騙すくらいよく作られたものだった。

先述した事件を含めて、偽物と分かったならいい方だ。科学誌「ネイチャー」に論文発表された恐竜化石にも、偽物ではないかと囁(ささや)かれているものがある。お金が絡むと、サイエンスが商売に堕(お)ちていく。さらにインターネットが絡んで、深刻度は増しているのだ。

読者のなかには化石マーケット巡りが趣味という方もいるだろう。好きな人にはたまらない催しで、博識で有名なタレントなども出没すると聞く。

私も過去、二度訪れたことがあるが、不快になってすぐに帰ってしまった。美しい鉱物やそれを使った置物、アクセサリーが並ぶなかに化石が陳列されていたからだ。出自の分からない化石が、根拠不明の値段をつけられ、鉱石などと共に並んでいる。

マーケットへは絶対に行かないで下さいとは言わない。読者の皆さんに願うのは、もしマーケットを訪れるようなことがあれば、ずらりと並ぶ化石の裏側に何があるのか、ここでお話ししたことをそこでぜひ思い出して欲しいということだ。

# 第5章

# 探検家ではなかったはずだが

## 入り口はアンモナイトの化石

いったい何のために恐竜を探し出し、研究をしているのか。恐竜研究は、どのような形で世のため人のためになるのか。そもそも人のためになっているのか。私はよく自問する。

自問するようになったのは、父からしばしばこのようなことを言われたからだ。

「自己満足の研究になっていないか。常に人のためになっているかを考えろ」

たまに実家に帰ると、生真面目(きまじめ)な性格で曲がったことの嫌いな父は、いつもこの言葉を発する。恐竜の研究はありがたいことに話題性があって、華やかに見えるかもしれない。でもそれは、人のためにならなければ意味がないと。

答えは用意していた。「恐竜は子どもたちに夢を与える」「恐竜はサイエンスの楽しさを伝える」「恐竜研究は進化メカニズムの解明につながる」などなど。しかし、父はいまいち納得していなかった。

中学時代に採集したアンモナイトの化石。これが私の人生を変えた。初めての化石採集は理科クラブの活動の一環で、顧問の吉澤先生が連れて行ってくれたのだ。

私は福井県出身で、高校卒業までこの地で暮らした。「福井県では、アンモナイトや三葉虫の化石が採れます」と、ほかの地域の人が聞けばうらやむ事実を耳にしても「へ〜」というくらいにしか思わない少年だった。根っからの恐竜好きというわけでなく、当時は仏像やお寺、古墳などに興味を持っていたからだ。あちこちの仏像を見にいってはノートに熱心に書いていた。

採集に行った日のことは今でも鮮明に覚えている。周りの人たちは化石をたくさん見つけているのに、自分だけが何も見つけられない。悔しかった。帰り道、先生に「もう一度連れて行ってください」とお願いした。後日、同じ発掘地に戻り、必死に探し続けた。

ハンマーでいくら石を割っても、化石は出てこない。見つからない。腕に疲れを感じ、自分には才能がないと肩を落とした。その時、吉澤先生が声をかけてくれた。

「小林君、割れば割るほど、見つかる可能性は上がりますよ」

なるほど、と思った。すると、ハンマーを振る力が湧いてきた。これが、私が化石の世界に足を踏み入れた瞬間だった。この延長線上に、現在の自分があるように思う。

あの時発掘を諦めていたら、もう一度連れて行ってくださいとお願いしなかったら、小林快次という研究者はいなかっただろう。あるいは、もし最初の日、周りの人たちと同じくらいアンモナイトの化石を見つけられていたら、「こんなものか」と思ってしまったかもしれない。

恐竜は、老若男女、国籍問わず、人気がある。「興味がない」という人も大勢いるだろうが、「恐竜が大嫌い」という人に出会ったことはない。多くの子どもたちが恐竜に興味をもつ。「子どもの時、必ず一度は通る道」と言う人さえいる。

恐竜研究に限らず、サイエンスはもとより面白い。

ある疑問をもつ。その疑問にいかにアプローチするか作戦を立てて、データを集めていく。やがて、自分なりの仮説が生まれ、その疑問の答えが明らかになる。これが科学の醍醐味なのである。

サイエンスに興味がないと公言する人々もいる。サイエンスというものに、十分に足を踏み入れていないからだと私は捉えている。興味のない人々にとってサイエンスとは、「難しい理論や公式であふれ、理解困難で冷たいもの」なのだろう。

そうではないと私は思う。サイエンスの入り口に足を踏み入れ、自らの手で謎(なぞ)を解く快感を知ると、その面白さのとりこになり、抜け出すことができなくなってくる。問題を解決したかと思うと、新しい問題が現れる。興味や探究心が次々と湧き、ぐいぐいとサイエンスという重力に引き込まれていく。

恐竜研究者の私の場合は、自分なりの答えに近づこうとするため、気がつけばフィールドで命がけになっているということもある。

## 一番危なかった体験

「これまでで一番危なかった体験はなんですか？」

よく聞かれる質問だ。想い起こしてみると、自分ではどうにもならない出来事もあれば、私の未熟さゆえに起きた事件もあった。

１９９６年、私がまだサザンメソジスト大学の院生で、化石の調査をはじめたばかりの頃の話をしてみよう。

ゴビ砂漠の「化石産地」の一つ、ネメグト盆地という場所で、私は約1ヶ月ほどの調査に参加していた（口絵1頁）。顔を揃えていたのは前述したモンゴルのバルズボルド博士に加えて、中国人のドン・チミン博士、冨田幸光博士（当時、国立科学博物館地学研究部古生物第三研究室室長）、ポスドクだった韓国のイ・ユンナム、そして現在は羽毛恐竜の紹介者として超有名な中国のシュー・シンだった。

調査を終えた、その最終日のこと。

「今日は自由行動だよ」

この日も朝から日差しが強く、気温がぐんぐん上がるなか、上半身裸になったバルズボルド博士が言った。調査慣れしたみんなは、「洗濯するか」「今日は体を洗おう」「テントの中でゆっくりラジオを聴いているよ」などと各自リラックスし始めた。

だが私は違った。モンゴル調査が初めてだったこともあり、自由に調査に行ける時間があることに興奮していたのだ。同じく初調査だったユンと意気投合する。

いつものように、草がほとんど生えていない荒地を歩き、キャンプから西に広がる大きな渓谷のある場所へと移動した。ただしこの日は、安全のために一緒に行動することにした。

渓谷に着いた私たちは、互いに離れないよう意識しながら化石を探し始める。

「おーい、ユン。どこ行った？」

「ここだよ」

声を掛けながら探し続ける。だが時間が経つごとに、探すほうに夢中になる。声を掛け合う間隔はどんどん長くなっていく。二人の距離が少しずつ離れ、返ってくる声も小さくなっていく。ついにユンからの返事が聞こえなくなった。

「おーい！　おーーーい！」

小高い丘の上まで駆け上がって探すが、その姿は見当たらない。複雑な渓谷が広がるこの地では、谷ひとつ越えると、声も届かなくなる。どの谷に入って行ったのだろう。もう少し大声なら届くだろうか。

それにしても、この丘からの景色は素敵だ。小さなグランドキャニオンを見ているようだ。そんなことを思いつつ周りを見渡すと、渓谷の上流の方に、黒い雲がかかり始めたことに気づく。

ユンもGPSユニットを持っているし、キャンプの位置は知っている。一人で帰るのに問題はないはずだ。そう考えて私はさっきまで歩いていた谷に戻った。

「爪、獣脚類の爪……爪ないかな」

そう呟きながら、地面と睨み合いをしていた。個人的な記憶に残るレベルでもいいので、発見がしたかった。二本足で歩き、走る肉食恐竜の仲間の爪くらいがちょうどいい。

水滴が落ちてくるのをふと肩で感じる。

見上げると、さっきの雨雲が真上までやってきていた。次第に、ポツポツがパラパラに変わっていく。この1ヶ月の調査中、雨が降ることは一度もなく、恵みの雨に感じられた。このにわか雨は体を冷やすのにちょうどいい。地面もいい感じに湿っている。

(さっきよりも歩きやすくなった)

クールダウンした体に、湿って歩きやすくなった地面。ラッキーと思いながら先を進む。まもなく、次の雨雲の波がやってくる。降雨量は、先ほどのざっと3倍だった。

(ん? 雨ガッパ持ってきてない。どうしよう)

周りを見渡しても、雨宿りできそうな場所はない。ゴビ砂漠の渓谷には、都合よく岩が張りだして雨宿りさせてくれる場所などないのだ。さきほど湿っていただけの地面に、水溜りができ始めた頃、雨は止んだ。

（びしょ濡れになってしまったな。早いところ、ユンと合流しないと）

高い丘に登って探そうと、崖を登っていく。その中腹に至った頃だろうか、目の前に2センチほどの小さな三角形をした石が落ちていた。よく見るとそれは、小さな獣脚類の爪だった。

## 恐竜のほぼ完全な頭

「お！　あった」

爪を拾うと、そのそばに長細い骨があった。指の骨だ。見回してみると、崖の斜面に沿って、骨がいくつか落ちている。それらは道しるべのように、私を崖の上へと導いていく。登ってみるとそこには大きさ50センチくらいの黄色い岩が三つ落ちていた。岩の表面のところどころが白く輝いているのが、遠目でもわかる。骨がついているのだ。

「あれがゴールかな」

両手でやっと持てるくらいの重さの岩を持ち上げ、その表面についている骨を眺める。なんの骨だろうか。随分複雑な形をしている。正面から、斜めから、と岩の角度を変えて骨を見つめた。

「なんだこれ？」

岩を１８０度水平に回した時だった。白い骨の塊が、恐竜の頭となって浮かび上がってきた。

「ワァオ！」

我知らず、アメリカ人か、というリアクションをとっていた。その恐竜の頭はほぼ完全だった。博物館で見る頭部のように綺麗だ。しかも、頭の後ろには首の骨がつながっている。この頭骨の顎には歯が生えていない。歯の代わりにくちばしを持つ恐竜、オヴィラプトロサウルス類のものなのだ。残りの二つの岩に目をやるとそこにも、たくさんの骨がついている。

「これはすごいぞ！」

空気の変化を感じて頭を上げると、上空には次の雲が広がっていた。真っ黒で重い雨雲。やがて、遠雷が響く。ヤバいかもと思ったその瞬間、滝のように雨が降りはじめた。水の壁が押し寄せてきたようだ。

「この化石、どこかに隠さなきゃ！」

頭骨の入っている岩を抱え、雨の当たらなそうなところを探す。ウロウロしていると、近くに岩が入る程度の隙間（すきま）が見つかった。ずぶ濡れになりながら、化石が濡れないようにそっと隙間に入れる。

化石の安全を確保した私は、谷を駆け下り、本格的にユンを探す。だがこんな雨の中、見つかるはずもない。さっきまで何もなかった谷には、みるみるうちに川ができ、足元に水が流れはじめる。靴底程度だった水位は、５分もしないうちに上がり、靴の中に水が入ってくるほどになった。最初の２回の雨で地面が湿り、この雨で一気に川ができたのだ。雷がバリバリと鳴り響く。どこか近くに雷が落ちているのがわかる。川から出て、丘の上に逃げるのは危険だった。このままキャンプに戻ることを決める。

くるぶしまでの深さの川を歩いてキャンプを目指す。雨で見づらいＧＰＳユニットの画面を頼りにひたすら東へ。川を出て、平たい地面を歩いていくと、その先にも茶色い川が現れた。

「これを渡るのか」

ＧＰＳユニットは、目の前の川を渡れと言っている。躊躇（ちゅうちょ）している間に、雨がヒョウに変わる。なんとか渡れない川ではない。そう思った私は一歩を踏み出す。膝下（ひざした）くらいの深さだ。足に水の圧力をなるべく受けないように、上流に体を向け、カニ歩きでゆっくりと渡っていく。速い流れが足元の砂をえぐっていく。体が川底に沈んでいくのがわかる。早く渡りたい。でも、転んだら大ごとだ。焦る気持ちを押し殺しながら、一歩一歩慎重に進んでいった。

まもなく対岸だと思った瞬間に足元が沈んだ。泥が水に溶けて落とし穴になっていたのだ。ゆっくりだがズブズブと沈んでいく。慌てず、目の前の硬い地面にバックパックを置き、そちらに自分の体重を移動する。片足を引き抜くことができた。さらに埋まったもう片方の足を引き出し、私は自然の落とし穴から抜け出ることにみごと成功した。

## 濁流と轟音

「なんなんだよ。フィールドに出るんじゃなかった」

ぶつぶつ言いながら、バックパックを担ぎ直す。ここからは平地が続くのみ、難なく帰れるはずだ。GPSを頼りに進んでいく。着実にキャンプに近づいている。モニターが示すのは「あと500メートル」。雨で前がよく見えないが、目と鼻の先だ。駆け足で行こうとしたその時、目の前には100メートルを超える巨大な濁流が広がった。

濁流の波は優に私の身長を超えている。今朝は何もなかった平原に、今は地獄絵図のように濁流が暴れている。

雷は鳴り響き、ヒョウ混じりの雨が降り続く。呆然(ぼうぜん)と立ち尽くす。自然の恐ろしさを目(ま)の当たりにする。助けてくれる者はいない。

(あ、終わった……)

「キャンプに帰らないと……キャンプはもう少し」

呪文(じゅもん)のようにつぶやきながら、濁流に引き付けられるように河岸に近づいた。地響きのような音がした。

ゴゴン、ゴゴゴン、ゴン、ゴン――。

地響きは次第に大きくなり、音が最大になると同時に、目の前を1メートルを超える巨岩が、濁流に押されて転がっていった。その光景を見た私は目を醒(さ)ます。この川を渡れるはずがない。雨が止むまでここで待つしかない。冷静になった私は、ワイオミング大学の地質学の授業で習ったことを思い出した。

「砂漠の涸(か)れ川(ワジ)では、雨が降ると濁流が流れるが、雨が止むと水が一気に引く」

ならば希望はある。だが、激しい音とともにすぐ近くに雷が落ちている。自分の上に落ちない理由は、ない。落ちないことを祈って、水が引くのをただひたすらに待った。2時間ほど経った頃だろうか、雨脚は収まり、さっきまでの濁流がウソのように、水が引いていった。

その15分後には、私はキャンプにたどり着いていた。朝と様相は一変している。メインテントは泥をかぶり、小さいテントがいくつか泥に埋もれている。トラックはなんと数百メートルも流されていた。

メインテントを張り直し、そこにいるメンバーで集合した。暗かったのでロウソクに火をつける。間もなく、ユンが帰ってきた。

「ユン、大丈夫だった？　どこにいた？」

彼も私と同じく、渓谷で雨に遭っていた。彼の賢いところは、焦らずちょっとしたくぼみに身を潜め、雨をやり過ごしたところだった。私よりずいぶん元気そうなユンに安堵（あんど）すると、急にさっき見つけたオヴィラプトロサウルス類の頭や首の骨化石が思い浮かんだ。口々にさっきの嵐（あらし）の恐ろしさについて語り合うなか、「さっき、オヴィラプトロサウルス類の頭を見つけたんだけど」と小声で言うと、リーダー格のドン・チミン博士の耳に届いてしまった。

「お前、さっきの嵐を見ただろ。もし次の雨雲がやってきたら、間違いなくさっきと同じ状態になる。しかも、それは本当に恐竜の頭なのか？　そんなにいい状態のものなのか？　命をかけてでも、取りに戻る価値があるのか？」

ドンは畳み掛けるようにして、猛烈に反対した。テントの中は静まり返った。誰もが俯き加減で、目の前のロウソクの炎をじっと見る。当時の私は大学院修士一年生。詰問されたのは当然だと思う。

すると、私の横にいたユンとモンゴル人が、手を挙げた。一緒に戻ってくれるというのだ。私たちはGPSユニットを片手にテントを飛び出した。駆け足で見つけた場所へと戻った。頭骨のついた化石を無事見つけだし、3人で一つずつ岩を抱えながらキャンプへ帰還する。ほっとしていると、ドン・チミン博士は、無表情でテントから出てきた。

「どれ、見せて」

私たちの手にある化石を見る。顔をあげたドン博士は、最高の笑顔で一言だけ言った。

「ワンダフル！」

ドン博士のリアクションは、いい標本を見つけることができたのと同じくらい嬉しかった。それもそのはず、この化石は後にネメグトマイアという新しい恐竜として命名されることになる。ただこのとき、私自身はある決心をしていた。

「もう無理するのはやめよう」と。

## 「敵」は寄生虫、クマ、砂……

恐竜化石の調査でフィールドを歩いていると、ふと思うことがある。

「いつからこんな探検家のようなことをするようになったのだろう？」

1年のうち少なくとも3ヶ月は、海外で恐竜化石調査を行っている。年明けから準備をスタートし、6月にはカナダ、7月はアラスカ、8・9月はモンゴルに向かうのが、ルーティンだ。

アラスカでは、夏のフィールドといっても雪に見舞われることが多く、グースダウンの寝袋やウールのシャツ、ゴアテックスのジャケットなどで、寒さ対策をしておかなくてはならない。かなりの僻地(へきち)に、少人数で入るため、持って行ける物資は限られる。

数十キロの荷物を担ぐので、自分の体に合ったバックパックが必須だし、足下の悪いツンドラを延々と歩くには、自分の足に合ったブーツを探しておかねばならない。

小川がたくさんあるので豊富に水を得られるように見えるが、川の水には、氷河によって削られ運ばれてきた泥やランブル鞭毛虫（べんもうちゅう）という寄生性の原生生物が含まれているので、携帯式の浄水器を使って水を濾（こ）さなければ飲めない。強化プラスチックでできたクマ防除食料コンテナも必携グッズの一つ。食べ物など匂いのするものはこれにまとめて、クマに食べられないように管理する。

一方、ゴビ砂漠の過酷さはこれまでお話ししてきた通りだ。熱中症対策のほか、調査期間はなるべく少ない衣服で過ごせるように仕度をする。水の確保が難しく、洗濯がほとんどできないためだ。砂対策も欠かせない。特にカメラやパソコンといった精密機器に砂は御法度（ごはっと）なので、それぞれ密封できるような工夫をする。これを分かっていなかった頃にカメラを何台かダメにした。それ以来、撮影には防水・防塵（ぼうじん）のものを使っている。装備も準備も、アラスカとはまったく異なるという具合だ。

そんなの当たり前じゃないか、と真の探検家にはあきれられそうだ。だが、そもそも私は恐竜化石を発掘するのを目的としている。日々、怪我（けが）をしないかと心配し（発掘現場の近くに病院などない）、一緒に調査する研究者の安否を気遣い（誰かが行方不明になればみんなで捜索に出る）、野生動物に襲われないように注意する（注意していても起きるときには起きる）。こういった緊張感の中で恐竜化石を見つけ出すのだ。研究者を志した時にはこんな毎日を過ごすなんて思ってもみなかった。だがそのなかにしかない大きな快感もある。

毎年、アラスカのフィールド調査が終わりに近づくと、「今年も生きて帰れる」と思う。モンゴルのフィールドを発つときにも、「やっと家に帰れる」と思う。そのくせ、帰りの飛行機に乗り込むたびに、「早く戻ってきたいな」と切望している自分に気付く。

まず何と言っても、そこには、誰も足を踏み入れていない未開拓の地を調査できる快感がある。大げさな表現かもしれないが、宇宙飛行士のニール・アームストロングが人類で初めて月面に第一歩を踏み出したときのような感覚だ（多くのハイカーがアラスカのほとんどの地域に足を踏み入れているだろうし、モンゴルでは現地で暮らしている遊牧民がゴビ砂漠のほとんどを踏破しているだろうが、ま、そこは目をつぶるとして……）。

一歩足を踏み出すたびに現れる風景。目の前の岩は、もしかしたら人類で初めて目にするものであるかもしれない。そこで化石が見つかろうものなら、間違いなく人類初だ。このような〝大発見〟を自分の足と目で達成できるというのは、間違いなく快感だ。

大学の研究室に座っていると、次々と雑務が襲いかかってくるが、フィールドには電波が届かないため、ややこしい電話もチェックすべきメールもない。目の前にあるのは、白い息を吐きながら集団で歩くドールビッグホーン（立派な角を持つ野生ヒツジ）であったり、オレンジ色に照らされる美しい崖だったりする。そんな大自然に囲まれて、温かいコーヒーを片手に、研究仲間と恐竜について熱く議論する。

特にアラスカでは、人類が極地に生きる厳しさを、身体を通して理解できる。夏でも雪が降るくらいに寒く、日照時間が短くて、食料は限られている。恐竜時代は、現在よりも暖かかったと考えられているが、それでも冬は寒かった。そんな厳しい環境で恐竜はどうやって生き抜いたのかということを、眠くなるまで語り尽くす。

幸いアラスカの夜は長いため、延々と議論は続く。議論は毎日続き、論文の内容のほとんどがフィールドで組み立てられる。こんなに刺激的・生産的で、ストレスフリーである環境を大学で得るのは難しい。

## 恐竜学者に向いている人

実際のところ、私がかつて恐竜学者というものに抱いていたイメージと、私の研究生活とは、かなりかけ離れているようにも思う。かつてはどこか華やかなイメージを抱いていたが、今現在は、非常に地味な作業でもあると実感している。

ここまでお話ししてきたように、フィールドに到着すると、ひたすら歩く。今日も歩いて、明日も歩く。とにかく気力と体力の勝負なのだ。ひとたび恐竜骨格を見つけると、削岩機やショベル、ハンマーを使って土砂と格闘である。よく骨を掘り出している作業がテレビには映るが、それは調査期間のほんのひと時の山場であって、ほとんどの時間は土砂をショベルでひたすら掻(か)いている。

現場では、化石とそれを包み込んでいる母岩を分けず、そのまま保護して発掘すると先に述べた。そのため、恐竜骨格の全貌(ぜんぼう)がわからないまま、発掘を進めることも多い。もちろん、私たち専門家の目には、一部の露出でもその骨格の重要性がわかるため、問題はないのだが、経験のない人が発掘を見学に来ると、「どこが骨なの？」と何度も尋ねたくなるはずだ。

恐竜化石調査のフィールド作業は、危険が伴うくせに、とにかく地味なのである。それでも無性に現地に行きたくなる。この気持ちがわかる人は、恐竜研究者向きなのだろう。

恐竜の研究者には二つのタイプがある。ある程度データが集まったところで仮説がぽんと湧いてきて、それをたたき台にしながらデータを増やし、方向を調整しながら論文を書いていく研究者。もう一つはデータをすべて集めてしまってから慎重に結論を出す研究者だ。

お気づきのように私は前者に当たる。がむしゃらに突き進みながら、結論をつかみ出す。堅実さで言えば後者の勝ちだろうが、驚きのある研究論文を発表し続けているのは前者と言えるのではないだろうか。そして、私はそうあり続けたいと願う。

第3章でお話ししたテリジノサウルス類の営巣地発掘では4年間、ジャブクラントと研究室を往復した。現場で取れたデータから仮説が浮かび、それを補強するデータを取るためにまた現地へ戻る。「なぜ何度も行くんですか」「一体、何年掛かるんですか」などと質問されることもあるが、フィールドと研究室を行き来する過程もまたたまらなく楽しいのだ。

敢えて言いたい。日本の恐竜研究では、重箱の隅を突くようなものが目につく。あの分類は正確でないとか、あの論文は間違っているという研究にエネルギーが割かれ、注目を集める傾向にある。恩師のフィリップ・カリー博士、もちろん私の仮説もその対象になる。それ自体はまったく問題ない。

一つだけ思うのは、取れる限りのデータから大胆な仮説を立てる研究、それを発信する研究者がいるから、検証が可能ということだ。海外では続々と面白い研究が発表されるが、日本人はその「検証役」をしているばかりでいいのか。日本人が研究の先頭になかなか立てないのは、姿勢の違いによるものではないだろうか。

サイエンスは間違いの連続によって構築されている。正解に見えたとしても、できる限りのデータを集めて仮説を立てているに過ぎない。教科書に書いてあることだって将来覆る可能性はあるだろう。そして1年後、10年後に仮説が覆っても、それが誤りというわけではないのだ。その説は発表当時に正しいと思われた考え方の足跡であり、それをもとに新たなデータを集め、新たな仮説を導き出すための道標だ。

そのことを真に理解すれば、新説の発表を怖がる理由はなくなる。もちろん不用意に間違っていいわけではないが、データが揃っていれば発信することのほうが研究全体へのプラスになる。

だから化石の発掘を続け、とにかく走り続けるしかない。この地面のすぐ下に、世界的発見が誰にも発見されぬまま埋もれているのだ。私たちに、足の引っ張り合いをしている暇はない。

## 「大発見」を伝える難しさ

「先生にとって『大発見』とは何ですか」

ある取材で、こんな問いをぶつけられたことがある。なかなか良い質問だ。

これまで多くの発見をしてきたつもりだ。フィールドを足が棒になるまで歩きつつ、新しい恐竜を発見したり、新しい知見を考え出したりする。ただ、自分自身が興奮するような発見でも、その価値を伝えるのは難しい。

プレスリリースを出すと、メディアの人たちが取材に来る。私は自信満々にその重要性を語り出すのだが、記者の皆さんがついてこられていないのが、壇上から手にとるようにわかる。

「ナショナル ジオグラフィック」日本版2015年4月号に取り上げられた、デイノケイルスの発見も然りである。私たち研究チームは、デイノケイルスの全身骨格の発見を、科学誌「ネイチャー」に論文として発表した。ネイチャーに掲載されるのだから「大発見」であるはずだし、重要な研究であるはずだ。

私が用意したデイノケイルスの論文の要旨をまとめたプレスリリースでは、「研究成果のポイント」として次の２点を挙げた。

１　今世紀最大の謎の恐竜デイノケイルスの全身骨格を２体発見

２　デイノケイルスの分類・系統的位置が判明し、オルニトミモサウルス類であることがわかった

これを読んで、皆さんはその重要性が理解できるだろうか。よほどの恐竜好きでなければ、ピンとこないのではないか。そこで、嚙み砕いて説明しようとするのだが、なかなかうまくいかない。

「この恐竜は、どういった点が今世紀最大の謎なのですか？」と記者が問う。

恐竜研究者の間では謎とされてきた恐竜である。実際、アメリカやヨーロッパなどの研究者も血眼になって何十年と探し続けてきた。私たちはそれを発見した。しかも２体もだ。自信はあった。ただ、記者の反応が良くない。

「大きな腕の何が謎なのですか？」

「腕の長さだけで２・４メートルもあり、獣脚類恐竜のなかでも非常に大きな腕なの

です。このような大きな腕をもっている獣脚類恐竜が、どのような姿形をしていたのか、どのような生活をしていたのか、あらゆる研究者が解き明かそうとチャレンジしてきました。しかし、これまで発見されていたのは腕だけで、よくわからなかったのです。そして、私たちがようやく全身骨格を発見し、全貌が明らかになりました」

「……なるほど」

いまいちその意義は伝わっていなかったような気がする。

優秀な日本人研究者たちが、世の中を変える様々な大発見をしている。例えば、青色LEDやiPS細胞。私たちの生活を変える大発見だ。発見の内容はわかりやすく、実生活に目に見える変化が起こるため、その価値を実感しやすい。

しかし恐竜に関する大発見はというと、なかなかわかりづらい。

恐竜研究は、本当に人のためになっているのだろうか。

話を戻そう。「先生にとって『大発見』とは何ですか」という問いに、私は次のように答えた。

「正直なところ、恐竜研究というのは、非常に主観的なものです。デイノケイルスに謎が多いというのも、私たち恐竜研究者がそう言うから、謎だということになっていました。今回発表した発見についても、権威者がそう言うのだから大発見に違いない、世界最高峰の科学誌ネイチャーが論文を掲載するのだから大発見に違いないと、専門家でない多くの人々は考えるでしょう。言い方は悪いですが、専門家の言うことを信じるしかない。

そうなると、『大発見』とは、私たち専門家次第ということになってしまいます。専門家が『これは大発見だ』と言えば、大発見になってしまう。言い換えると、私たちが大発見を作り出してしまっていることになる。

しかし、私が考える大発見とは、実は私たちの身の回りに転がっていて、データも現象も見えているのに、それが他とは違う特別なものだと気づいていなかったことに『気づくこと』なのです。大切なのは、大発見を大発見として認識する能力を高め、それを他の人にわかりやすく説明できることです」

つまり、「大発見か否か」の基準は相対的なもので、ノーベル賞を受賞するような発見でなくても、ネイチャーに掲載されるような発見でなくても、研究者が大発見だと感じるものであれば、大発見なのだ。これは私だけではなく、あらゆる研究に言えることだと思うし、サイエンスの醍醐味につながる話だと思う。興味をもつこと、好きになることが重要であり、その先に、自分なりの大発見が待っているのだ。

私はサイエンス中毒にかかっている。サイエンスの面白さに病み付きなのだ。私は、自分なりの大発見を探しに、これからも世界へ足を運ぼうと思う。そして、恐竜研究の面白さのほんの一部でも、皆さんに届けることができれば、と願う。同時に、これを読んでいる皆さんにも、外に出て新しい第一歩を踏み出すことで、自らエクスプローラーとなり、自分なりの大発見をしてほしいと思っている。

ここで再度自問する。

「恐竜研究は、人のためになっているのか」

今は、はっきりとした答えは見つけていない。しかし、私が初めてアンモナイトの化石を掘りに行ったときに抱いた、ちょっとした興味。これが、私の人生を変えたのだ。もしかしたら、恐竜を切り口に新しい道をかたちづくり、子どもたちの夢の選択肢を増やすことが出来るかもしれない。

私は、自分がサイエンスの面白さを伝えるという重要な役割を担（にな）っていると信じている。恐竜には大きな力があり、その力を多くの人々に伝える大きな使命が自分にあるように感じている。身が引き締まるが、とても素敵な使命だ。

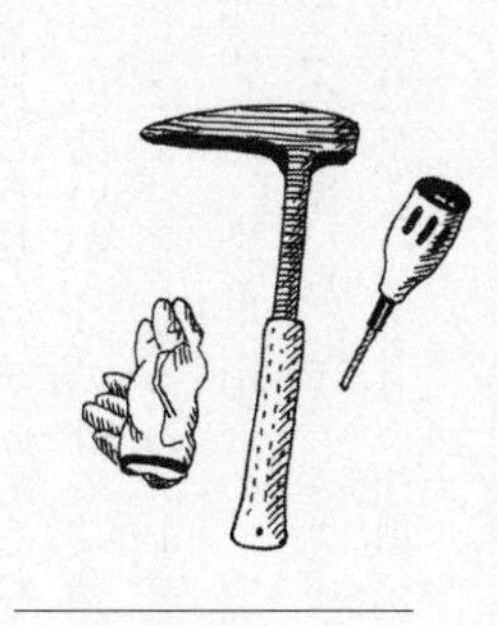

# 第6章

# 世界遺産バッドランドへ乗り込む

## カナダの恐竜州立公園へ

「ヨシ、来年はカナダに来いよ」

フィリップ・カリー博士が、コーヒーを片手に声を掛けてきた。

カナダ・アルバータ州では恐竜研究が盛んだ。州都のエドモントンには、アルバータ大学の教授として、フィリップ・カリー博士がいる。アルバータ州最大の都市であり、1988年冬季オリンピックが開催されたカルガリーには、カルガリー大学のダーラ・ゼレニツキー助教。そして、ドラムヘラーという小さな町にある、世界最大級で最高級の恐竜展示がある王立ティレル古生物学博物館には、学芸員としてフランソワ・テェリエン博士がいる。恐竜研究者で3人を知らぬ人はいない。彼らがベースにしている発掘地は、アルバータ州南部に広がる世界有数の恐竜化石産地だ。

名前を挙げたなかで、最も有名なのがフィリップ・カリーだろう。私たちはフィルと呼んでいる。獣脚類恐竜の研究では第一人者で、ティラノサウルスをはじめ、獣脚類から鳥類への進化についても多くの論文を執筆している。フィルとは2006年から数年にわたって、モンゴルで共同調査をしていたが、カナダへは2009年に王立ティレル古生物学博物館のサポートで行ったのが最後だ。それ以来、縁がなかった。

「そうだね、時間があればね。毎年7月はアラスカ、8・9月はモンゴルだから」

難しいと表情でも伝えたつもりだったが、フィルがニコリと笑って言う。

「5月と6月なら空いてるね」

その誘いがきっかけで、2015年の5月にカナダ南部にある恐竜州立公園に行くことになった。恐竜のテーマパークのように響くだろうが、そうではない。カナダは先述した「恐竜王国」の一つ。そのなかでもカルガリーの南東約200キロに位置するこの公園は聖地と言える。ここには、ダイノソーパーク層という白亜紀後期（約7660万から7480万年前）の地層が広がっているのだ。

化石が多産するため、ユネスコの世界遺産に登録されてもいる。公園のレッドディア川沿いに露出するバッドランド（風雨によって浸食され、峡谷状の涸れ谷になった荒地）からは、７００体ほどの恐竜の骨格が発見されたこともあった。

そして２０１５年５月、私は恐竜州立公園の崖の上から、今回の調査地を見下ろしていた。天気のいい日は、日射しが強い。気温は高いが、乾燥しているため、風が吹くと気持ちがいい。

公園の北側にあるハッピー・ジャックスという場所は、１００年前にハッピー・ジャックという牧場主が住んでいたキャビンの跡地だ。今回の調査では、その近くにテントをたてることにした。川沿いで緑も多く、キャンプには最適だ。朝は鳥のさえずりで目を覚ます。

今回は、フィルが教える大学院生やボランティアを中心にした調査隊で、総勢15人ほど。キャンプ地のサイズとしては大きめである。私たちの胃袋を満たすキッチンテントには、約1週間分の食べ物が保管されている。少し離れたところには、調査道具や標本を一時保管するオフィステントをたてた。この地で2週間を過ごすこととなる。

## どの化石を捨てるか

「ヨシ、ここがゴルゴサウルスの全身骨格が見つかったところだ」

ゴルゴサウルスはほかでもない、超肉食恐竜ティラノサウルスの仲間である。

フィルはそう告げると、さっさと崖の中腹に降りていったが、私の目の前にはすでにハドロサウルス科の仲間の尻尾（しっぽ）の骨が露出している。思わず、声を上げてしまう。

ハドロサウルス科はイグアノドンの仲間から、さらに進化した植物食恐竜のグループだ。顎（あご）の先がさらに幅広になり、カモのくちばしに似ていることから「カモノハシ竜」とも呼ばれる。特徴はデンタル・バッテリーという進化した歯の仕組みを持つことで、歯が擦り減ればすぐに新しい歯が補充される（サメの歯と同じ仕組みだ）。これで大量の植物を効率よく食べることができた。

「このハドロサウルス科の尻尾は？」と話しかけると、フィルが即座に言う。

「最初はその尻尾を掘ろうかと思っていたんだけど、4メートル下の、ちょうど今、私がいるところから、ゴルゴサウルスの指の骨が見つかってね。こちらを掘ってみたら全身骨格だったんだ！　そのハドロサウルス科の尻尾は、見ればわかる通り、尻尾の先しか残っていないから、そのままにしておいたよ。

この公園からは、ひと夏だけでいくつもの恐竜骨格化石が発見される。見つけ出すのも課題だけど、その中からどれを掘り出すかを決めるのも重要なんだ。時間も資材も限られているからね」

骨が一つ出ればニュースになる日本の状況からすると、贅沢（ぜいたく）すぎる悩みではないか。

この調査のミッションは二つ。歩いて新しい恐竜化石を探すこと。そして、選んだ恐竜骨格を発掘することだ。まずは「プロスペクト」と呼んでいる化石探しで、この公園特有の小高い崖を登り降りして、地上に落ちている化石をひたすら探すのだ。

恐竜化石の発見パターンは2通りある。ここまでお話ししてきたように骨格そのものを見つけるか、「ボーンベッド」を見つけるかだ。

ボーン（骨）ベッド（層）とは、不完全な骨が1ヶ所に集まっている状態を指す言葉だ。日本語では「骨化石密集層」と表現する。

骨化石密集層には2種類あり、1種類の恐竜の骨化石がバラバラになって密集している層を「モノタクシック・ボーンベッド」という。このタイプのボーンベッドが、その動物の行動を表すことがある。良い例として、ティラノサウルスの仲間、アルバートサウルスのボーンベッドが挙げられる。少なくとも8体の個体の骨が集中していたことから、ティラノサウルス類は集団で行動していたと考えられることになった。

一方、さまざまな恐竜や他の脊椎動物が混ざった状態で骨が密集している層を、「マルチタクシック・ボーンベッド」と呼ぶ。簡単にいえば、いろんなものが入ったゴミ箱をひっくり返したようなものだろうか。こちらからワニの鱗板骨、あちらからティラノサウルスの仲間の歯、さらにオルニトミムス科の末節骨や魚の歯、というように、さまざまな動物の骨が同じ地層に集まっている。化石としてはそれほど綺麗でもないし、完全なものが混じっていることもない。しかし、これによって、同じ時代の環境に、どのような動物が一緒に生息していたかが把握できる貴重な手がかりにもなる。

## 命を飲み込むシンクホール

（結構暑いな……）

目の前に広がるバッドランド。5月の終わりにここまで暑くなることを予想していなかった。厳しい日差しが照り返しとなって、目に眩しい。

地層を観察し、化石の出そうなところをめがけて、崖を降りていく。歩きづらいところもあるが、ちょっとしたハイキングのようでもある。気をつけなければいけないのは、思わぬところにたくさんの落とし穴があることだ。自然にできた落とし穴を、シンクホールと呼ぶ。

シンクホールができる仕組みはこうだ。激しい雨が降ると、崖には小さな川が所々に現れる。落差の激しいところには滝ができ、地面をえぐっていく。深く掘り込まれたくぼみには、次々と水が流れ込み、しまいにトンネルを作ってしまう。このトンネルが厄介で、表面から見るとただの地面なのだが、中身が空洞なのだ。地面が薄いところに足を踏み入れれば、たやすく崩落してしまう。

そーっと、あるシンクホールの中をのぞくと、骨が散らばっている。いろいろな動物がシンクホールに落ちて、息絶えたのだ。自分もその仲間にならないように、慎重に歩く。

しばらくゆくと、バラバラになった骨が地面に落ちているのが目に入る。どの動物かわからないほど断片的になっているが、恐竜の骨であることは間違いない。その近くには、肉食恐竜の歯があった。ティラノサウルス科の歯に間違いない！　肉食恐竜の歯を見つけると背筋がゾクリとする。表面のツルッとした質感、ステーキナイフのようなギザギザな鋸歯（きょし）が、いかにも「恐竜の化石です！」と主張しているように感じられる。

顔を上げると、カメの甲羅の一部が一つ、その先には魚の骨が一つと、骨が点々と落ちている。すべて同じ地層（層準）からだ。これは間違いなくボーンベッドだ。より正確に言えば、先に述べたマルチタクシック・ボーンベッドということになる。地面に這いつくばり、さらに何か落ちていないかと目を凝らす。すぐに手のひらは化石でいっぱいになった。

## 3Dジグソーパズル

5メートルほど向こうに、どこかで見たことのある骨がバラバラになって散乱している。どうやら恐竜の頭骨っぽい。「頭骨っぽい」という表現はまったく科学的ではないが、正直な直感である。

私たち古脊椎動物の研究者は、骨の形を体で覚えている。職業柄、解剖学的に骨の形を覚えておくのは当然だが、それよりも私が大事だと思うのは、世界中にある多くの化石に触れることだ。目から入ってくる情報だけでなく、触感による三次元の形の記憶、体に刻み込まれた骨の知識が、フィールドで役に立つのだ。地面に落ちているバラバラになった骨を見て、それがどの恐竜のどの骨であるかを考える。これが意外に楽しい。

バラバラになった骨を地面で組み上げていく、三次元のジグソーパズル。つい夢中になって、時間がたつのを忘れてしまう。「あの部位の骨だろう」と想像し、「だったらここに出っ張りがあるはず」などと考えながら、一つずつ置いていく。すると、ある時点で、その正体がわかる。この時私が組み立てていたのは、ハドロサウルス科の後頭部にあたる鱗状骨という骨だ。大きさは中ぐらい。大人になりきっていない亜成体のハドロサウルス科のものだと判断した。

そこから10メートルほど離れたところに、アンキロサウルスの仲間の皮骨らしきものが落ちている。こちらもバラバラだ。組み立ててみると、なんだか三角錐の形をしている。出来上がった骨を手にして考える。どうも皮骨にしてはおかしい。

「何だこりゃ？」

骨をくるくる回転して、脳内のデータベースと照らし合わせる。

「あ！」

その三角錐の骨がある角度になった時に、正解がわかった。アンキロサウルスの仲間の皮骨ではなく、ケラトプス科（角竜類ともいう）のくちばし（前上顎骨か前歯骨）

ではないか。この瞬間がたまらない。ミステリーを読んでいて、犯人がわかったくらいの快感だ。角竜はトリケラトプスに代表される、頭に角を持った植物食恐竜のグループである。

　この日だけで、ティラノサウルス科、ケラトプス科、ハドロサウルス科、カメと魚の化石が見つかった。当時は川が流れていて、魚が泳ぎ、川辺にはカメがたたずみ、そのそばには恐竜たちが歩いていたに違いない。そよ風にあたりながらその情景を想像する。

　2時間もここで化石を探していたことに気づいた私は、採集した化石をてきぱきと梱包（こんぽう）し、バックパックを担（かつ）ぐ。より貴重なものを探すため、先を急ぐことにした。

　ガガガガガガ……

　遠くから機械の音がする。その方向に目をやると、オレンジ色のテントのようなものが見えた。今回の発掘を指揮するフィルに近づいていって尋ねてみた。

「あんなところにテントをたてている人がいるね」

「いや、あれはテントじゃないよ、シートだよ。私の学生が見つけた、ケラトプス科の発掘現場だ。削岩機とか燃料とかいろんなものを持っていったから、雨よけに使うんだ。あの音は、私の学生が削岩機で掘っている音だよ。みんな頑張っているようだ」

その現場は、私たちが立っているところよりも随分高い位置にある。「高い」という言葉には、「今、立っているところよりも、標高１００メートルほど高いところにある」というのと、「足元の地層よりも時代が新しい」という二つの意味がある。

「ダイノソーパーク層でも、随分上のほうだ。あんなところからも恐竜が見つかるんだね」

私が感心していると、フィルが汗を拭(ぬぐ)いながら答える。

「あの層準（地層）からも恐竜は見つかるんだ。プロサウロロフスというハドロサウルス科の恐竜が多いけどね。でも、今回私たちが見つけたのは、ケラトプス科だと思う。これだけ層準が上のほうからケラトプス科が見つかるのは、まれなんだ。今、発掘している化石が重要な発見なことは、間違いないよ。去年、脚を発掘して、骨格がつながっていることは確認済み。あとはどれだけの骨格が崖に埋まっているかなんだ」

自信たっぷりにそう言った。それだけ、この谷からは全身骨格がたくさん見つかっているということなのだろう。ケラトプス科の発掘現場に向かって20分ほど歩いていくと、絶壁が目の前にそびえ立つ。絶壁といっても、頑張れば登れるほどの斜面だ。

「ヨシ、ちょっと遠回りになるけど、この崖の左を回って、もう少し緩やかな斜面を歩いていこう」

崖を避けて緩やかな斜面を歩きはじめる。すでに人が歩いた足跡があり、道になっている。確かに歩きやすいが、少し物足りない。そうだ、こんなときこそ、あえて人と違う道を行こう。フィルの後ろから少し外れたところを一人で歩きはじめる。足場は悪いが、こっちのほうがしっくりくる。地面は乾燥し、表面に小石が無数に落ちている。そのせいか、気をつけないと足が滑る。所々にシンクホールがある。

シンクホールの近くには植物が生えていることがある。その中にサボテンもあった。メキシコでたくさんのサボテンを見たことがあるが、こんなに北のカナダにも自生しているとは。彼らがここで冬を越えられるとは驚きだ。サボテンがあるといったん気がつくと、そこら中に生えているのがわかる。少し向こうには黄色い花を咲かせているものもある。不用意に手をつかないように気をつける。どんなに綺麗(きれい)な花を咲かせていようが、サボテンはサボテン。鋭く、驚くほど長いトゲが私たちを威嚇(いかく)している。

## 中国軍人直伝のショベル術

「どの辺に埋もれているの？」

発掘現場に到着した私は、フィルの学生で、化石を発見したアロンに話しかける。

「ちょうど俺の足元あたりさ。ヨシも手伝うか？」

ちょっと見て、言葉を失う。なぜなら、学生たちがツルハシ、ショベル、削岩機を使って作業しているところと、アロンがいる位置とは2メートルほど落差があるのだ。これを手作業で掘り込むのか？　2メートル掘り下げるには、相当の量の岩石を取り除かなければならない。かなりの重労働だ。

バックパックから「七つ道具」を引っ張り出し、そこから革でできたグローブを取り出す。削岩機があっても、ここからは体力勝負だ。

総勢8人で力作業を交代で行う。削岩機で岩を崩し、ツルハシでその岩を砕き、最終的にショベルで岩をかき出す。ショベルでかき出す際には、より遠くに岩を移動させなければならないので、オレンジ色のシートをうまく使う。斜面にシートを張り、その上に岩を滑らせて、遠くへと移動させるのだ。

恐竜の発掘というと、「偉い研究者は指示をするだけで、学生やボランティア、雇われた人たちが作業を担う」というイメージがあるかもしれない。しかし、多くの場合、そのような上下関係はない。この時も、世界的な研究者であるフィルは、学生と同じように砂にまみれていた。周りを見て各自ができることを探し、自分の役割を見つける。私はショベルとツルハシ担当を交代で行った。

岩のがれきをショベルですくうには、土とは違ったコツがいる。ショベルの使い方はいろいろあるだろうが、私は以前、中国の元軍人から教わったやり方を採っている。私は右利きなので、ショベルの柄の付け根に左手を添え、右手で柄の上のほうを握る。足を前後にしっかり開き、腰を曲げる。ショベルをがれきに突き刺しても1回ではなかなか入っていかないが、ここで何度も突き刺すのはエネルギーの無駄だ。上下に揺らしながら奥へと入れていくと、がれきがショベルの上に次々と載ってくる。

ある程度の量がショベルの上に載ったら、足を固定し、体の軸はそのままで腰をうまく左に回転させて、がれきを後ろへと投げる。投げる時は、ショベルの柄の付け根に添えた左手の力を抜き、右手でショベルを後ろへ素早くスライドさせる。すると、力を入れなくても、反動でさっと遠くへと飛んでいく。この方法だとテンポよく作業できる。

ショベルを使いはじめて10分もしないうちに、額から大粒の汗が流れ出す。なかなか気持ちがよい。しかも、この恐竜骨格が大発見である可能性も高いとなれば、高揚感はいや増す。

作業を続けて3日間。ようやく2メートル分の膨大な岩が取り除かれ、いよいよ発掘が始まる。これはボーンベッドと異なる、骨格1体が丸ごと埋もれている発掘現場だ。

ボーンベッドでは当時の生態系が見られる点が重要だと記したが、全身骨格は、その恐竜そのものの解剖学的な情報を得られる点が特色だ。どういった恐竜なのか。新種なのか否(いな)か。新種であれば、どのようなところがユニークで、どの恐竜に最も近縁なのか。どのような生活をしていたのか、などなど。全身骨格は多くの疑問に答えてくれる。

## 〝ハドロケラトプシアン〟

「七つ道具」から、小さいハンマーとタガネを選択する。デンタルピックも取り出し、さらに細かい作業の準備をする。これまでは完全な力仕事だったが、ここから先は神経を使う繊細な作業だ。フライパンの上にいるような猛暑のもとでも、冷たい風が吹いて小雨が降ってくるなかでも、集中力を保ちながら、骨を壊さないように注意深く掘っていく。

注意しなければならないのは骨だけではない。この地層からは、羽毛の痕が残っているオルニトミモサウルス類の化石も発見されている。一見シミのように見える部分が、羽毛だったりするケースがあるのだ。この骨格はケラトプス科ということなので、その心配は少ないと思うが、何が埋まっているかは分からない。

化石が含まれている岩を軽くハンマーで叩き、周りの岩を剥がす。骨に近づいてきたら、デンタルピックを使って岩を剥いでいく。やがて、綺麗な骨が次々と露出していく。この作業は実に楽しい。骨が出た瞬間の、表面の艶がたまらない。時間を忘れて作業をしていると、予想通り骨はつながって、ずらっと出てくる。全身骨格である可能性がどんどん高くなってくる。

ただし、一つ問題も出てきた。骨格が予想していたのとはまるで違う方向に伸びていることがわかったのだ。新体操の選手か、というほどの考えられないような曲がり具合だ。つまりこの3日間、みんなで頑張って掘り下げた崖をもう一度やり直しである。気を取り直そうと互いに励まし合うが、なかなかそうもいかない。

「休憩しよう」

フィルがそう呼びかける。それぞれ水分を補給する。オレンジをバックパックから取り出し、食べはじめる者もいる。

フィルは一人で、発掘された骨を見つめていた。沈黙が続く。

「これはケラトプス科じゃない。ハドロサウルス科だ」

骨を掘っていくと、当初想定していた種類ではないことがわかったのだ。あのフィルが、恐竜の同定を間違っていた。後ろ脚や背骨が出ていたにもかかわらず……。まさに「弘法にも筆の誤り」だ。

ここでちょっと思い起こして欲しい。日本でも「恐竜化石が発見」としばしば報道される。発見された具体物は、歯１本だったり、骨１個だったりする。これほど断片的な化石であっても、「〇〇科の恐竜」や「新種の可能性」などという見出しが必ず添えられる。この危険性がわかるだろうか。のちに種の同定が間違いだったとして訂正されることは頻繁にある。

間違いと書きはしたが、真の意味で間違いだとは思っていない。その時点で持てる限りの情報を駆使して判断する。その判断はその時点での「仮説」であって、のちにその仮説が新しい情報によって修正されるというのは、非常に健康的であり、サイエンスのあるべき姿そのものだと思う。

「じゃあ、この恐竜骨格のニックネームが決まったね。ハドロケラトプシアン（ハドロサウルス科とケラトプス科を合わせた造語）だ」

化石発見者のアロンは落胆を隠しながら、おどけて言った。3日かけて掘り出した化石は、この地で比較的多く発見されているものと分かったのだ。

## なぜ掘りたがらない？

「とりあえず、明日以降もこの骨格の発掘は続けよう。アロン、この〝ハドロケラトプシアン〟の発掘をお願いしていいかな。何かわからないことがあったら相談して」とフィル。

この公園には、まだ発掘されるのを待っている恐竜骨格がたくさん眠っている。キャンプ地周辺には、セントロサウルス（ケラトプス科の仲間）のボーンベッドと、幼体が含まれるケラトプス科のボーンベッドが存在することが分かってきていた。少し離れたところでは、セントロサウルスと思われる美しい頭骨も発見されていた。これらすべてを発掘するには、限られたメンバーで協力しあい、効率よく作業しなければならない。

すでに疲れがたまっている。毎日、手作業で崖を崩し、大量の土砂を運んでいるのだから、無理もない。フィルがみんなに意見を聞いてくれた。

「明日の予定だが、気分転換に、キャンプ地から離れた調査や発掘をしよう。キャンプ地から車で30分くらいのところへ行きます。プロスペクトか、セントロサウルスの頭骨を掘るか、どちらがよいかを挙手で示してください。それでは、プロスペクトに行きたい人は？」

全員がニコニコしながら手を挙げる。聞いた話によると、見つかったセントロサウルスの頭骨の化石はかなり良いものらしい。にもかかわらず、みんなそちらよりも、新しい化石を見つけたいという。その気持ちはよくわかる。

「それでは、明日はここから少し離れたところに行って、プロスペクトをしよう。ただ、セントロサウルスの頭骨も掘らなければいけないので、発見者のスコットは私たちと一緒に来てくれ。ヨシも来てくれるか？」

私は「もちろん」という気持ちを込めてうなずく。しかし、スコットはちゃんと聞こえているはずなのに、「僕も行くの？」と聞き直す。よっぽど、みんなと一緒にプロスペクトに行くのを楽しみにしていたのだろう。

## 美しい角とガラガラヘビ

　次の日、私たちは何台かの車に分かれてキャンプを離れた。私はフィルの車の助手席に乗り込む。フィルが運転し、フィルの妻のエバとスコットは後部座席に座った。

「今から掘り出す頭骨は」と、スコットは後部座席から身を乗り出して、話しはじめた。

「斜面にオレンジ色の三角錐のものが突き出ていて、遠くからでも一目でケラトプス科の角だってわかった。ちょうど日が差していて、オレンジ色に光ってすごく綺麗なんだ。近づいてみると、角の表面に地衣類（コケ植物にも似た菌類）がびっしりとついていた。オレンジ色はその地衣類の色だったんだ。角の周りを掘ってみると、頭骨が丸ごと埋まっているってわかった」

「すごいね。そんなにすごい頭骨が見つかるところなのに、なぜみんな行きたがらないの？」

「このあたりは綺麗な地層が露出している。でも、斜面がきつくて歩きづらい。それに、なかなか化石が見つからない。だからみんな行きたがらないみたい。他のみんなが出かけたエリアは骨がたくさん落ちていて楽しいから」

しばらくすると、フィルは車を止めた。

「着いたよ。みんな、ショベルかツルハシを1本ずつ持って」

私が2本抱えて行こうとすると、フィルが私の手を止めた。

「エネルギーがあるのはわかるけど、一人1本ずつだよ。セントロサウルスの頭骨を掘るのに必要だから持っていくだけでなく、もう一つ目的があるんだ。ガラガラヘビが結構いるから、草むらがあったらそれで突いて、いないのを確認してから進む」

「了解」

ガラガラヘビには、私はある意味「慣れている」。私が通ったワイオミング大学のある米国ワイオミング州でも、ガラガラヘビを頻繁に見た。フィールドを歩いていると、「シャー」という音がする。立ち止まって周りを見渡すと、体色が地面と同化したガラガラヘビがこちらを威嚇している。そんなことがよくあった。

「ガラガラ」という音を出すのではなく、「シャー」という乾いた音を発するので注意が必要だ。威嚇というよりは、警告に近いので、音が鳴ったら立ち止まって、ヘビの位置を確認すれば、襲われることはほぼないと思う。

第一発見者のスコットは私たちよりも先に歩き出し、GPSユニットを片手に、頭骨が見つかった現場に向かう。

「そんなに遠くないよ。あと700メートルくらいだね」

スコットはさっそうと緩やかな斜面を下り、手に持ったショベルを地面に突き刺して、足を止めた。足元に広がる急な崖が行く手を遮っていた。

「おかしいな、簡単に見つかると思ったんだけど……。みんなはここで待ってて」

そう言い残して、早歩きで崖を下りだす。スコットはあっという間に崖の下にたどり着き、まるで早送りを見ているかのように、頭骨の見つかった場所にまっしぐらに向かってゆく。

「フィル、あれがそうなの？　遠くから見ると全然わからないね」

「ああ、発見した頭骨にジャケットをかけたんだけど、そのままにしておくと目立ってしまう。盗掘に遭わないように、崖とほぼ同じ色の麻袋をかぶせて、土砂をかけたんだ。GPSがないとわからないよ」

スコットを追うように、私たちもゆっくりと崖を降りていった。

「これがそうだよ」

私たちがたどり着くと、スコットは胸をはって言った。

かぶせてある土砂を注意深くどかし、麻袋をめくる。すると、白い岩の塊のようなものが見えた。ジャケットだ。ジャケットの凸凹から、セントロサウルスの角の形がよくわかる。

「良い標本だね！　こんなにすごい頭骨なのに、みんな発掘したくないなんて」

「セントロサウルスはこれまで多く見つかっているから。どんなに良い標本でも、たくさん見つかっていると重要性が落ちるんだ。セントロサウルスの頭骨だと喜ばれないんだよね」

さっきまで自慢げな様子だったスコットは、フィルの方をチラッと見ながら言った。

## 冷ややかな視線を浴びる

フィルは、ナイフを手に取り、頭骨に近づいた。

「ちゃんと外れるように、ジャケットには切れ目を入れてある。ここがそうだ。この割れ目にナイフを入れて、と」

そう言って、割れ目にナイフを刺し、ゆっくりと力を入れる。最初はビクともしないが、何度も揺らしていると、少しずつジャケットが外れていくのがわかる。

「あんまり強くやってはいけない。それでは骨に圧がかかってしまうよ」

スコットはそう言いながらジャケットを剝がす手助けを始める。

メリメリという音とともにジャケットが持ち上げられていく。さっきまで輪郭しか見えていなかった頭骨があらわになった。誰が見ても恐竜の骨とわかる。スコットが説明していたように、角には濃いオレンジ色の地衣類が付いている。

「すごい！　すごいね！　これはすごい‼」

完全な頭骨であることが、発掘前からわかる素晴らしい標本だった。私は頭骨の周りをくるくる回り、ただひたすら「グレイト」を連呼していた。カメラを取り出し、シャッターを何度も切った。その時点で20年近く恐竜の発掘調査をしていたが、それまでにない感動だった。

感動の瞬間を満喫し、少し冷静になった頃、騒いでいるのは私一人だけだということに気づく。同時に、フィルとスコットの冷ややかな視線を感じた。

（この温度差は何だろう？　二人は嬉しくないのか？）

私は興奮を抑え、軽く咳払いをして平静を装う。

「アルバータ州からはセントロサウルスがたくさん発見されているしね。この頭骨を掘るのは、研究用というより、どちらかというと展示用かな。ここまで綺麗に保存されている頭骨はあまりないからね」

**右からフィル、著者、スコット。頭骨を囲んで、掘り出していく**

フィルは私の目を見ず、バッグの中にある発掘道具を探りながら言った。

彼らにとって、ケラトプス科の化石はさして珍しいものではない。しかし私にとっては、これだけ大型で保存状態の良いケラトプス科の頭骨を発掘するのは、初めての体験だった。

あることを思い出した。以前、カナダの研究者が私たちのモンゴルの調査に参加した時、テリジノサウルス類の化石に異常に反応していたのだ。テリジノサウルス類は第3章でお話ししたようにモンゴル、そしてカザフスタンで発見されている恐竜だ。前脚と肩の骨などしか見つかっていない「謎の恐竜」だったが、あちらでは比較的豊富で、よく発見される。私たちにとっては「またか」というくらいだが、カナダをはじめ、北米の研究者にとっては、とんでもなく珍しいものなのだ。

いま起きているのはその逆バージョンだった。彼らにとって珍しくない大型のケラトプス科は、アジアではほとんど発掘されたことがない。もちろん私自身も初めてだった。北米とアジアという地域差が、異なる興奮を引き起こすのだ。

## 北米の恐竜、アジアの恐竜

私の研究テーマの一つに、「アジアと北米の恐竜多様性の比較」がある。このとき発掘したセントロサウルスの生息年代は白亜紀末で、私がアラスカやモンゴルで調査しているのも白亜紀末。この時代にアジアの恐竜が北米に渡っていき、北米の恐竜がアジアに渡ってきたことが分かっている。

ある恐竜は大陸間を無事に渡っていくが、ある恐竜は移動に失敗する。残存した恐竜は、その大陸固有の動物となりそこで進化していく。それゆえ、アジアと北米では生息していた恐竜に違いが出る。その好例が、白亜紀末に栄え、多様化した北米のケラトプス科とアジアのテリジノサウルス類だ。

アジアと北米の恐竜の形態に相違があることを頭では理解していたが、この発掘によってそれを実感できた。まさに百聞は一見にしかずだな、と心の中でつぶやく。

　フィルとスコットは頭骨を掘りはじめている。私もすぐに自分の道具を取り出し、発掘に参加した。頭骨が埋まっている石は比較的軟らかく、掘るのは難しくなかった。石はきれいに剝離(はくり)し、茶色く光る骨がみるみるうちに露出する。

　新鮮なほうがおいしい食べ物や飲み物があるが、化石も同じだ。掘り出されたばかりの骨の質感にはいつもうっとりする。こんなに美しいものはない。しかし、いったん空気にさらされると、その艶(つや)が失われてしまう。それは一瞬の出来事で、次の骨を露出すると、また美しい表面が出てくるのが分かるほどだ。作業を続けていくうちに、頭骨の形がくっきりしてくる。

　恐竜の骨を含めて、生物とは自然界が作り出した芸術品だと思う。骨はその芸術性の塊であり、一つ一つの曲線や突起物は、無駄なく効率的に作られている。私たちは、まさに恐竜時代に造られた「セントロサウルス」という作品を掘り出している。芸術家になったかのような錯覚に陥りそうにさえなる。

　これだから発掘はやめられない。体験したことのない人は、あんなに砂っぽくて地味な作業をなぜ好むのかと思うだろうが、そうではない。いったん始めると、やめることができないのだ。

「そろそろ片付けよう。プロスペクトに行ったみんなを迎えに行かなきゃ」

フィルが膝（ひざ）についた泥を払いながら、私に話しかける。

「え？？　もう終わり⁉」

発掘に関わると、時間が経（た）つのがあまりにも早い。さっき始めたばかりだと思ったのに、すでに4時間が過ぎていた。

「明日はここに戻ってこないの？」

「ヨシは、明日はもう一つのケラトプス科の発掘を手伝ってほしい。ここはまた改めて、学生に発掘を続けてもらうよ」

あまりの短さに不満を感じたが、学生たちが待っている。渋々道具を片付けはじめる。

「このセントロサウルス、崖の中から飛び出そうとしているように見えるね。すごい化石だよ」

愛おしい頭骨を見ながら私はそう言った。

# 第7章

# 危うく「ネイチャー」誌の掲載を断りかける

## 絶対もらえないあの賞

ノーベル賞を受賞することは世界中の科学者の夢だ。だが、これは本当に難しい。そして恐竜の研究（古生物学）者ならば、かなしい現実も知っておかなければならない。

同賞には恐竜に対応する部門がないため、どんな大発見をしたところで受賞は不可能なのだ。何かの間違いで、「恐竜は世界に平和をもたらす」と評価され、ノーベル平和賞を受賞するという展開がないとは言えないが、それはそれでかなり本質から逸れてしまうだろう。

もう少し身近な夢として、研究者たちは「ネイチャー」誌に自分の論文が掲載されることを願う。イギリスの学術雑誌、ネイチャー誌は一八六九年に創刊された、あらゆる科学分野に関する論文が掲載される、権威のある学術雑誌だ。数ある学術雑誌のなかでもその地位はナンバーワンとされる。

古生物学者の若手たちももちろん、この一流誌に論文が受理されることを目標とする。本章では、その一人だった私自身のことをお話ししてみよう。

当時、私は大学院生として、テキサス州ダラスにあるサザンメソジスト大学修士課程に籍を置いていた。研究テーマは、ゴニオフォリス科というジュラ紀から白亜紀にかけて生息していたワニだった。今生きているワニと姿形がそっくりで格好いい。ワニが持つフォルムの美しさに夢中だった頃だ。

修士課程を終えたら恐竜の研究をしたいと考えていた。ただ、恐竜研究は「やりたいです！」と手を上げたところでなかなか出来るものではない。恐竜を自分で見つけ、発掘し、クリーニング作業をして、やっと研究に取りかかれる。発見には多くの人の力と長い年月、そして多額の費用がかかる。また、見つけられたところで、貴重な化石の研究を、一介の学生に任せてもらえるわけがない。研究をさせてもらうには、周りの人から信頼され理解されなければいけない。
私は運が良かった。第5章でお話ししたゴビ砂漠での初調査、ユンと離れ離れにな
り濁流に飲まれそうになった体験の翌年、あの調査チームに再び参加できることにな
ったのだ。

## 「ダチョウ型恐竜」

「とにかく骨がつながりすぎて……どこを掘っていいかわからないよ」
隣で掘っていた中国の若手研究者、ル・ジュンチャンにそう訴えた。彼は、化石を
見つける鋭い目を持っている。メガネが割れて視界が悪い時にも、次から次へと化石
を見つけるツワモノぶりだ。ジュンチャンが通った後は、何の化石も残っていないと
言っていい。そして彼は、このとき私たちが発掘していた骨化石を見つけた張本人で
もあった。
ゴビ砂漠はモンゴルから中国の内モンゴル自治区にまで広がっている。その日発掘
を行っていた場所はその内モンゴル自治区のウランスーハイだった。
「どうも10体以上の骨格が埋まっているようだ。骨が重なり合って掘りづらいけど

……辛抱強くやるしかない」

朝9時半だというのに気温は40度を超えており、汗が滴る。傍らには日本から来た冨田幸光博士もいる。

「10時まで作業してテントに戻ろう。16時までテントで休んで、それからまた作業を続けよう」

ドン・チミン博士が、立ち上がり腰を伸ばしながら言う。猛暑の8月。日中は急激に気温が上がり、とても作業ができる環境ではない。6時間という長い〝シエスタ〟をとって、発掘中の体調を調整する。

しんどい状況ではあったが、わくわくもしていた。目の前には、これまでに経験したことがないほど数多くの化石が広がっている。まるで満員電車に乗ったまま化石になったのかと感じるほど、骨がつながった状態の骨格化石が隙間なく埋まっているのだ。前章でお話ししたボーンベッドで、オルニトミモサウルス類という「ダチョウ型恐竜」のみが集まったモノタクシック・ボーンベッドだった。

ダチョウ型恐竜はその名の通りくちばしと長い首を持ち、高速で走った恐竜だ。そのスピードは恐竜最速とされている。

有限の時間と借りてきた資材で、この大量の骨を発掘しなければいけない。私たちは必死だった。特に私はこの発掘に賭けていた。なにせ、これが自分自身の博士論文の材料になるかもしれないのだ。「掘れませんでした」で済ますわけにはいかない。

来年、ここに来られるチャンスがあるかは分からない。この夏だけの一発勝負の可能性が高く、とにかく多くの骨格を発掘しなければいけない。

1ヶ月近く発掘を続け、私たちはその間、次から次へと大量の骨格を掘り出していく。削岩機などの重機を持ってくることができなかったため、すべて手作業だった。

ずらっと綺麗につながった背骨。何かをつかもうとしている足。折り重なる、全身骨格の数々。大きく後ろに湾曲した首は、死の壮絶さをも物語っている。全部で骨がつながった14体の全身骨格があらわになり、フィールドとしての豊かさを実感する。

「まさに、恐竜の墓場だね」

目の前には、高さ3メートルほどの小高い丘がある。このボーンベッドは、まだその崖（がけ）の奥へと続いていた。崖の奥で手作業は不可能だ。私たちは諦（あきら）め、目の前の14体を取り出すことにした。

掘り出した後には、まるで爆弾でも落ちたのかと思うくらい大きな穴ができた。残土で、2メートルにもなる人工的な崖も生まれた。ジュンチャンが、私の肩をポンと叩（たた）きながら言った。

「また来年、この続きを掘りにこないとな」

足元に石の塊がいくつか転がっている。その塊は、発掘前から地表に転がっていたものらしく、その表面にはオルニトミモサウルス類の肋骨らしい痕が残っていた。そして、その肋骨の痕の中に大量の小石が詰まっていた。

この石の塊が、私の人生を変えることとなる。

「ペーパーウエイトにちょうどいいな。これ、持って帰っていい？」

冨田さんがその塊を拾ってジュンチャンに尋ねた。

「石だから、問題ないでしょう」

私も便乗して、石の塊を一つ日本へ持って帰った。

## 「胃石」の謎

調査が終わり、私は大学のあるダラスに帰っていた。ダラスも常夏だが、ゴビ砂漠とは違った暑さだ。湿度が高く、建物の外に出るときには、水の壁に当たる感覚がするほどだ。

冷房の効いた研究室に私は座って、ふと書類に乗っている例の石の塊を見ていた。

「ペーパーウエイトにしては小さいな」

そうつぶやきながら、発掘中に抱いた違和感を思い起こしていた。肋骨の痕が刻まれている。つまりは、この小石は、恐竜のお腹の中にあったということではないか。長さ10センチ×幅5センチ、厚み2センチの石の塊。もし、これがお腹の中にあった石であれば、「胃石」と呼ばれるものだろう。その正体は石そのものであり、カルシウムが体内で結晶化してできる腎臓結石のようなものではない。あくまでも、その生物が飲み込んだ石なのだ。

現在生きている動物にも石を飲み込むものがいる。爬虫類の中で最も恐竜に近いワニ類や、恐竜の末裔である鳥類がそれだ。石の用途は幾つかあるが、ワニ類の胃石の主な役割は、「おもり」である。身体を重くして、水に潜るために飲み込むのだ。海女さんが腰に巻くウエイトとよく似ている。

対して鳥類は、食べ物をすり潰すために飲み込む。歯のない鳥類は、口の中で食べ物をすり潰すことができない。丸飲みされた食べ物は、胃の中へとそのまま流れ込んでいく。その胃の一部は非常に筋肉質で、胃壁は薄いケラチン質に覆われている。この筋肉質な胃の部分は、俗に砂肝と呼ばれている。そう、焼鳥屋で注文する、あの砂肝だ。コリコリとした食感がたまらない。砂肝には、たくさんの小石が入っている。鳥たちは、歯の代わりに、この筋肉と小石を使い、食べ物を潰して消化するのである。

（胃石っぽいな……）

そう思った私は、胃石についての論文を読みはじめる。幾つもの論文を読んでいくたびに疑問が膨らんでいく。これまで発表された論文によると、恐竜の胃石の発見は、竜脚類や原始的な角竜のお腹からのみのようなのだ。

（あれ？ 獣脚類から見つかった記録がないのか？）

獣脚類とは、ティラノサウルスを含めたいわゆる肉食恐竜のことを指す。対して竜脚類は、獣脚類と同じく竜盤類から分かれたグループだが、こちらはブラキオサウルスなどに代表される、大型の植物食恐竜の仲間だ。私たちが掘り出したオルニトミモサウルス類は獣脚類に属する。そして当時は、「獣脚類＝肉食」という考えが一般的だった。

本当に獣脚類の胃石は発見されていないのか？ それから数日をかけ、さらに論文を漁っていく。日を追うごとに、私は何かに取り憑かれたように論文の山に埋もれていった。

（ない……）

獣脚類のお腹の中から胃石が発見された、という記述はなかった。発見されれば、世界初となる。

「まいったな」

私は頭を抱えた。これをどう解釈すべきか。本当に、ダチョウ型恐竜のお腹にあった胃石なのか。死んだ後、死骸（しがい）の内臓が腐って、お腹が開いたところに偶然小石が流れ込んだということはないか。あらゆる可能性を考えてみた。

発掘した骨格の腹部をクリーニングしてみる。お腹の周りについている泥の岩を削ると、ずらりと並んだ肋骨が出てきた。肋骨の隙間には、発掘現場で拾った石の塊と同じように、無数の小石がぎっしりと詰まっている。

他の骨格も確認していく。驚いたことに、すべてのお腹の中に小石がぎっしりと詰まっていた。偶然ではない。この小石は、お腹の中にたまたま流れ込んだのではなく、恐竜が意図的に飲み込んでいたのだ。

オルニトミモサウルス類は何のために石を飲み込んだのか。先に述べたように、この恐竜は俊足であるという特徴を持つ。一方で、泳ぐのは苦手だっただろう。ワニや海女さんのように、オモリとして使っていたとは考えがたい。

ダチョウ型恐竜というだけあって、この恐竜には歯がない。鳥のようにくちばしだけを持っていた。顎（あご）の筋肉は発達しておらず、嚙（か）む力も強くない。つまり、くちばしで食べ物をついばんだ後は、丸飲みである。鳥類と全く一緒だ。とすれば、このダチョウ型恐竜も胃石を使って消化していたのだろう。

では鳥類すべてが、胃石を持っているのだろうか？　調べてみると、猛禽（もうきん）類のような肉食の鳥類は、筋肉質の砂肝が発達しておらず、ただの袋のようになっているという。胃石も飲みこまない。なぜなら、彼らの餌（えさ）は繊維質でない肉であるため、すり潰す必要がなく、胃酸で溶かせば消化できるのだ。一方で、植物食の鳥類は胃石を持つ。特に硬い穀物を食べる鳥類はお腹の中に数百という胃石を有する。

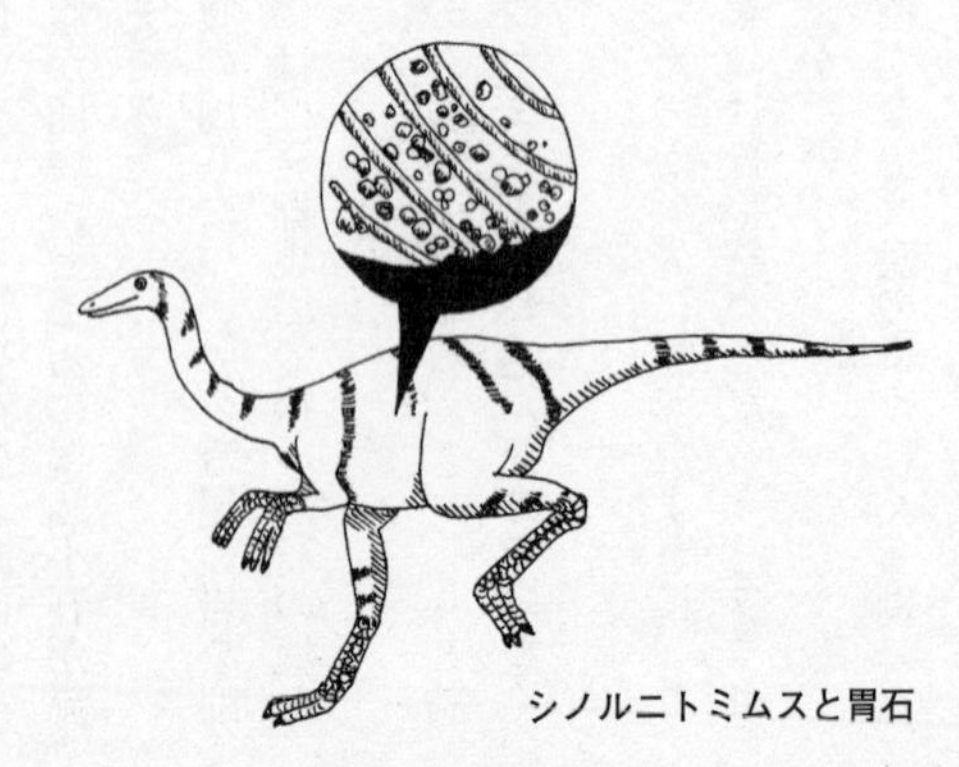

シノルニトミムスと胃石

## とんでもない発見かも

　ここで私は、ペーパーウエイトとして机の上に置いていた石をバラバラにすることにした。正確には小石が固まってできた塊だ。超音波を使って一粒ひとつぶを浮かせ、ピンセットで取り出していった。1立方センチメートルに38個という胃石が集まっていることが判明した。

　単純計算すると、4000個近い小石がこの塊に詰まっているということになる。

　現在の鳥でこれほどの数の胃石を持っているものはいない。これまでの研究によると、最大で数百個とされている。つまり、このダチョウ型恐竜は、どんなベジタリアンの鳥よりもさらにベジタリアンであるということなのか。

（獣脚類イコール肉食恐竜だったのに、それが覆ってしまう。しかも、この恐竜はかなり植物食性が強い。こんなことを述べている研究者は世界のどこにもいない。とんでもない発見をしちゃったかもしれない。いや、間違っている可能性もある。さて、どうしよう）

　悩んでいてもしょうがないので、考えをまとめていくと同時に、文章にまとめることにした。分析結果をまとめ、その意義を英文でこつこつと書き込んでいく。どんな研究者に突っ込まれても大丈夫なように、保守的で客観的であるように努めつつ、ストーリーを組み上げていく。思いつきだった考えが、確信に変わっていく。1ヶ月後、論文の原稿が出来上がった。

（あれ？　もしかしてネイチャー誌にトライできるかも。なーんてね）

出来上がった原稿を、同じ大学のある日本人の研究者に見せ、意見を聞いてみた。

「一応、ネイチャー誌に投稿してみようと思うんですが……」

すると鼻で笑いながらその人は言った。

「そんなの載るわけないだろ」

確かにその通りだ。これまでまだ論文を発表したことがない大学院生には、とてつもなく高いハードルである。

「でも、なんとなくいけそうな気がするんですけど。まあとりあえず、出してみるだけ出してみていいですよね」

そう言った私は、研究者の目を見ずに、原稿を手にして部屋を出た。

「ま、記念で投稿してみるか」

私は、ダメ元で原稿をイギリスのネイチャー誌へと郵送した。

1週間が経った。

返事がない。

ということはダメだったのか？ いやそんなはずはない。ネイチャー誌は、審査が早いことで知られている。ダメな原稿にはあっという間にリジェクトの返事が来る。編集員で第一次審査があり、そこで1週間も経たないうちにはねられてしまうのである。ここで世界中から投稿される論文の8割がリジェクトされる。残りの2割が査読へと送られる。つまり、返事がこないということはいい兆候のはずなのだ。

「何かの間違いだろう。何かしらの原因で審査が遅れているだけだろう。すぐに『残念でした』っていう連絡が来るはずだ」

次の日も返事がなかった。その次の日も届かなかった。

(おかしいな)

少しずつ不安になってくる。それと同時に「もしかすると」という期待が膨らんでくる。

## ジェイコブス博士に怒鳴られる

そして2週間ほどが経過した。ポストにネイチャー誌からの封筒を見つけた。恐るおそる開けると、短い文章が記された手紙が入っていた。

「投稿ありがとうございます。審査の結果、この論文は重要であるとみなしました。Letters to nature ではなく Brief communication というセクションでよければ掲載させていただきます。ご検討ください」

私は肩を落とした。Letters to nature とは、投稿したままの長さで論文になるもので、後者はいわゆる「短報」と言われる短い論文に要約される。

次の日、大学院の指導教員であるルイス・ジェイコブス博士に相談に行った。

「結果が出ました。こんな風に書かれているので、ネイチャー誌は諦めて、その次に有名な米国の『サイエンス』誌に投稿してチャレンジしてみようかと思い……」

喋(しゃべ)り終わるのを待たずに、ジェイコブス博士にすごい剣幕で怒鳴られた。

「バカ言うんじゃない！　イエスって言いなさい!!　短報でもネイチャーはネイチャーだよ。これは名誉なことだ!!」

初めて論文を提出した私にとっては、その意味がよくわからなかった。処女論文が、「短報」であれ、最高峰の科学雑誌に載るというのは、快挙だということを。

博士の助言に従った私が次に感じたのは、焦りだった。

（まずい、どうしようか……）

これには化石調査における暗黙のルールが関係している。

胃石を見つけた発掘調査は、中国・モンゴル・日本の共同で行われたものだった。そうした場合の成果については、各国の代表者名を冠して発信されるのが理想とされているのだ。にもかかわらず、一学生が書いた論文が、その学生の単独名で出てしまう。焦った私は、ドン・チミン博士、リンチェン・バルズボルド博士、冨田幸光博士にすぐに連絡を取った。

「著者から私を外して、御三方を著者としたいんですが」

すると3人は、口を揃えたように、こう言ってくれた。

「君が研究して生まれた論文だ。その成果は君のものだから、私たちのことは気にしなくていい。それが科学というものだ」

次代を担う研究者を育てたいという先輩たちの気持ちが、痛いほど感じられた瞬間だった。

この論文は、無事に1999年12月のネイチャー誌に掲載される。日本人が書いた恐竜に関する論文では初めてのものになった。

# 第8章 ついに出た、日本初の全身骨格

## 憧れの聖地・北海道へ

私の生まれ故郷は福井県である。この地で発掘された恐竜化石にはこれまで深く関わらせてもらった。福井県立博物館による発掘調査に参加したのは1986年、高校1年生のときだ。アメリカに留学している間も、毎年夏には帰ってきて、調査に参加したことを思い出す。

博士号を取る直前、福井県立博物館の「自然部門」が、恐竜専門の博物館を建てる計画が浮上する。2000年、その建設に合わせて帰国し、建設プロジェクトメンバーの一員になり福井県立博物館に学芸員として就職した。同年の7月に福井県立恐竜博物館がオープン。その後、フクイサウルスとして新種発表（2003年）される恐竜の研究に打ち込み、自ら命名をすることにもなる。

そんな私が福井を離れる決心をしたのは、大学で次世代の恐竜研究者を育てたいという願望が生まれてきたからだ。

2005年に北海道大学への転職が決まり、馴染（なじ）みのない北の大地に降り立つこととなる。北海道は実は憧れの土地だった。

中学生時代、周りの友達は「ドラゴンボール」や「北斗の拳（けん）」に夢中になっていたものだが、私は朝から晩までアンモナイトのことを考えていた。世にも美しい自然の造形物に心を奪われていたのだ。

福井県ではジュラ紀後期のアンモナイトが採れる。私は毎週末、朝5時49分発の電車で和泉（いずみ）村（現・大野市）へと向かい、一日中泥だらけになりながらアンモナイトを探していた。家に帰っても、自分の手で採ってきたアンモナイトを眺め、ニヤニヤしていたものだ。あまりの嬉（うれ）しさに、アンモナイトをベッドに持ち込み一緒に寝たことだってある。

そんなアンモナイト少年だった私にとって、北海道はまさに聖地だ。北海道の山では、かつて海だった地層が地表に露出している。白亜紀のアンモナイトが容易に見つかる、世界でも有名な場所なのだ。海の地層とは、海底に積もった泥や砂が、長年の月日をかけて石になった層を指す。海に棲む様々な生物が遺骸となって海底に沈み、泥や砂の中に埋もれてゆく。クビナガリュウやモササウルスといった海に棲む爬虫類も例外ではない。

北海道大学で教鞭をとるようになった後も、アンモナイトへの愛は変わっていなかったが、中学の時とは少し違っていた。アンモナイトとともに埋もれた恐竜化石へと関心は移っていたのだ。

２００５年までに、すでに三つの恐竜化石が北海道から発見されていた。北から、中川町のテリジノサウルス類の指骨（２０００年）、小平町のハドロサウルス科の骨盤と大腿骨（１９９１年）、そして夕張市のノドサウルス科の頭骨（１９９５年）の化石だ。いずれも素晴らしい化石だが、残念ながら断片に留まっていた。

ただ、私はこれらが発表された通りだとは思っていなかった。元は、完全に近い骨格であったのだが、発見される過程で一部しか見つからなかったのだろうと考えていた。それには、先ほど触れた海の層と「ノジュール」という石の塊が関係している。

アンモナイトの探し方は一般的に次のようなものだ。沢を登っていき、そこに落ちているノジュールという丸く硬い石をハンマーで叩く。その中に、まるで宝箱のようにその断面からアンモナイトなどの化石が覗くものがあるのだ。

ノジュールは、アンモナイトなどの化石を核として、長い年月を経るうちに形成された硬い石の塊だ。アンモナイトのような比較的小さいものは、ノジュールに完全に包まれてしまう。そして、このノジュールから恐竜の骨が見つかるケースがあるのだ。海の地層から出てくる化石は、海に棲む生物がほとんどだが、陸に棲む恐竜の化石が出ることが稀にある。ただし恐竜の骨といった大きなものになると、骨格の一部だけがノジュールに包まれていて、残りは柔らかい泥の岩に包まれていることが多い。

そのような海の層が陸上となった場所で、あるとき川の増水により、ノジュールを含む崖が削られていく。柔らかい泥の岩に包まれた骨は次第に崩れてなくなってしまうが、ノジュールに残された一部の骨だけは、いわば保護されたまま転石となって流れ出る。増水が治まったところで化石を探しに来たアマチュア愛好家によって、ノジュールとして発見されるというわけだ。実際に、北海道で見つかった三つの恐竜の骨はこのようにして出現した。

転石で見つかる場合、その転石がどの崖から来たのか、どこに残りの骨があるのかを判定するのはほぼ無理だ。これまで見つかった北海道の恐竜の骨は、結果的に断片的な化石になっているだけであって、元々は完全骨格だったのではないか。

これまでは、発見される経緯にちょっとした運が足りなかっただけだ。もし条件さえ揃えば、とんでもない発見ができると私は北海道へ赴く前から考えていた。

北海道は、恐竜化石の宝庫に違いない。

## ある学芸員の執念

「これは恐竜の骨ではないですね」

私がそう断じるのを聞いたむかわ町穂別博物館の学芸員、櫻井和彦さんは、こちらから見て取れるほど肩を落とした。北大に移った翌々年の2007年、むかわ町穂別から発見された長さ30センチほどの骨について、恐竜の骨かどうか同定してほしいと大学の研究室に持ってこられたのだ。

確かにその骨は大きく迫力があるが、骨の組織が密に詰まっている緻密骨が非常に薄く、陸上に棲んでいる動物ではなさそうだった。つまり恐竜ではないということだ。むかわ町は白亜紀後期、アジア大陸の海岸からは少なくとも10キロ離れた海底だったことが分かっている。海棲爬虫類の化石が出てきて当然なのだ。

「でも、以前カリーさんは恐竜かもしれないと言っていたんですが」

櫻井さんは殺気立った目をして食い下がった。

カリーさんとは、先述した私の恩師、フィリップ・カリー博士のことで、以前穂別に遊びに来たことがあった。その時にチラッと見てもらい、そのようなコメントをもらったようだ。

「可能性はあるかもしれませんが。もっといい状態でより完全な化石を見つける必要がありますね」

櫻井さんが気の毒になった私は、期待が持てるような言葉を残したことを覚えている。

それから4年が経った、2011年9月6日。いつものように研究室でメールチェックをしていると、櫻井さんからメールが届いた。

小林先生

お世話になっています。見て頂きたい標本があって、ご連絡いたしました。

本標本は、以前に穂別稲里にて採集されたもので、地層は函淵層と思われます。

標本は分割したノジュールに含まれており、本来は連続していたものと思われ、11

から12個ほどの椎骨（ついこつ）からなります。

クビナガリュウ化石と思い、先日来館された佐藤たまきさんに見て頂いたところ、「ハドロサウルス類の尾椎ではないか」とのご指摘を頂きました。

本標本のクリーニング作業は完了していないのですが、自分なりに見比べたところ、言われた通り、ハドロサウルス類の尾椎が最も類似しているように感じました。

そこでお願いなのですが、本標本を見て頂くことは可能でしょうか。そしてその価値があると判断された場合に、研究をお願いすることはできますでしょうか。

まずは写真をお送りしますのでご覧頂きたく思います。

ご検討頂けますと幸いです。

櫻井和彦

函淵層とは、北海道に分布する白亜紀末（約7200万年前）の海の地層である。そこから恐竜の化石が出てきたというのだ。佐藤たまきさんとは、恐竜時代に海で生きていた爬虫類、クビナガリュウを専門とする研究者（東京学芸大学准（じゅん）教授）だ。

画面をスクロールすると、4枚の画像が添付されていた。1枚目は、幾つものブロックに分かれたノジュール。黒いしみのように、骨の断面らしきものが見えていた。

2枚目は、二つの骨がつながった状態で横から撮られた写真だった。3枚目と4枚目は、その骨を前からと後ろから撮った写真である。

一気に身体中の血液が騒ぎ出した。

どう見ても、恐竜の化石ではないか。しかも、メールにあるようにハドロサウルスの仲間の尻尾の骨によく似ている。

「やっと出たか！」

私は、すかさず櫻井さんにメールした。

〈すぐにそちらへ行きます〉

2週間後、札幌から2時間ちょっとかけて車で博物館へ向かった。

挨拶もそこそこに、クリーニング室に並べられた骨化石に駆け寄る。まだ岩が周りに残っているが、骨の形は見ることができた。一つの尻尾の骨が6〜7センチ程度。全部並べると80センチくらいの長さになる。日本の恐竜化石の基準からいうと、これだけでも十分、大発見だ。

（棘突起が斜め後ろに倒れ短い……横突起の痕跡はない……血道弓がつく関節面がある……）

私は、骨を撫で回し、自分自身につぶやきかける。間違いない。これは恐竜の尻尾の化石だ。

「続きはどこですか?」

そう聞くと、部屋にいた櫻井さんは面食らったようだった。

「発見者の堀田さんによると、これだけしかなかったようです」

頭の中では「そんなはずはない!」と叫んでいたが、説明をするのが面倒な私は、

「とにかくその場所へ連れて行ってもらえますか?」

と頼んでいた。

このとき私の脳裏には、数年前にカナダで見たある標本が浮かび上がっていた。それは、函淵層と同じ時代の海の地層から発見されたプロサウロロフスという恐竜の化石だった。全身の骨が揃っている美しいもので、海の堆積物から恐竜が発見されるのも驚きだったが、こんなに綺麗な骨格が残ることも非常に印象的だった。

このプロサウロロフスの例から、私はあることを確信していた。

死んだ恐竜の尻尾だけが沖合に流れ出て化石になるはずはない。必ずどこかに体があるはずだ――。

そう確信した理由については、ちょっと説明が要るだろう。目の前に、恐竜の尻尾があるとしよう。尻尾を構成するのは骨と肉である。骨はアパタイト(燐灰石)で構

成されており、水より3倍ほど重い。肉は成分的にほとんど水なので、骨と肉で出来ている尻尾は本来沈んでしまう。ぷかりと浮いたまま、沖合まで流されることはまずないのだ。流されるためには、「浮き輪」になるものが必要になる。尻尾の場合、その浮き輪になるのは、ガスが充満した恐竜の死骸本体であるはずだ。

発見者である、化石愛好家の堀田良幸（ほったよしゆき）さんの同行も決まり、日を改めて発見現場に赴くこととなった。

## 「垂直に立っている」崖（がけ）

翌々月、博物館で集合し、発見者の堀田さんに初めて会う。たくわえた髭（ひげ）に、キュートなニット帽。にこやかなおじさんという感じだった。

「今日はお世話になります」

と挨拶をすると、

「あれ、恐竜だってね。確かにクビナガリュウではないと思ったんだ。ワニの化石かなって。それが恐竜だなんてたまげたもんだ。でもね先生、あの続きはないよ。周り掘ったっけ、なーんもなかった」

堀田さんは道産子らしく笑って答えた。この調査には、学芸員の櫻井さん、同じ学芸員で地層やアンモナイトに詳しい西村智弘さんなどが同行してくれた。

小雨のそぼ降る中、私たちは現場へと向かった。目的は二つある。まず、骨の続きがあることを確認すること、そして、その続きがどんな大きさであるかを目視すること。

目指す林道に着いてみると、荒れ果てて草が生え、地面のあちこちに穴が空いていた。私たちは車で向かうのを断念し、歩くこととした。30分くらいすると、高さ15メートルほどの崖が、沢沿いに見えてきた。北海道が所有する道有林である。

「ここだよー、先生」

息を整えながら崖を見上げる。崖のほとんどが土砂に埋もれて地層の様子がわからない。

西村さんにこの崖の地層構成について聞いた。

「ほぼ垂直に立ってますね」

地層となる堆積物は、本来水平なところに積もる。その上にミルフィーユのように重なっていった層が、後の造山運動によって垂直になってしまうことがある。これを私たちは「垂直に立つ」と表現する。

堀田さんは、私たちをよそに、身軽に崖を登っていく。崖と言っても傾斜のある泥を上っていく感じだ。雨のせいで足が取られる。一歩踏み出し、次の一歩を踏み出そうとすると3分の2くらいはズリ落ちてしまう。またしても「三百六十五歩のマーチ」が頭の中を流れる。

なんとか、尻尾が見つかったところまで上がってみた。崖の上の方で足場は良くない。場所もあまり広くないので、まずは堀田さんが掘り始めた。

「念のために埋め戻しといたんだ。この辺なんだけど」

力強く、お手製の道具で表面の土砂を掘り上げる。間もなく岩が現れた。

「この辺から見つけたんだよね」

指差された表面は、柔らかい茶色の岩だった。植物片の化石があるのか、ところどころ黒いしみのようなものが見られる。濡(ぬ)れた表面は、骨と岩の区別がしづらい。

「この辺ですか?」

と聞くと、堀田さんはにこやかに頷(うなず)く。ためつすがめつして見ても骨化石が出ている様子がない。

「もうちょっと掘ってみるかい?」

と、堀田さんは見つかった付近を掘りはじめる。

現場に行ったらすぐに見つかるだろうと考えていた。十数個の骨がつながっている尻尾。その続きがあるとしたら、ちょっと掘れば続きが見つかるはずだと思っていた。おかしいなと首をひねりながら、堀田さんが崖を掘っている様子を見ていた。

「ね？　先生、ないでしょ？」

重いはずのツルハシを軽々と振り下ろしながら、堀田さんはそう言って笑う。

その時だった。堀田さんが振り下ろしてできる新しい岩の表面に骨らしいものが見えてきたのだ。その幅3ミリ程度。2メートル離れて見ていた私の目に、その3ミリが飛び込んできた。

「ちょっと待って！　骨だ」

堀田さんを制止し、その骨に近づく。間違いなく骨だ。

「どれ？　どれが骨なんだ？」

堀田さんや櫻井さんたちは疑わしそうに言う。

「これです。ここ、骨ですよ！」

みんなが困惑している様子がよくわかった。そして私を疑っているのも。

「これは間違いなく骨です。続きがあるということです」

すると櫻井さんが、

「じゃあ、続きを掘りましょうか……？」

「いえ、埋め戻しましょう」

間髪いれずに私は答えた。

「もうすぐ冬です。しっかりとした発掘の装備もなく作業しても、化石にダメージを与えるだけです。また来年の春に掘り直しましょう」

恐竜化石の発掘には計画と準備が要る。この時は、単に確認に来ただけなので、十分な装備には程遠かった。発掘は来年に行うべきだ。と同時に、このとき私たちには新しい課題も発生した。

続きの骨があるとわかった今、化石の存在を隠しておかなければならない。この一帯は、アンモナイトが採れるためアマチュアの人たちが多く訪れる場所だ。恐竜化石が出ると情報が流れれば、それを狙（ねら）ってくる人もいるかもしれない。なにはともあれ、秘密厳守だ。

今日の発見はとりあえず、なかったことにしよう。そう誓いあって私たちは来春までこの秘密を守り通すことにした。

クリーニングすると見事な尾椎骨が現れてきた

## 尻尾の続きは本当にあるのか

年が明けた2012年の春、雪解けを待って私たちは現場へ向かった。期待に胸を膨らませ、あの3ミリの骨の続きを探しにいったのだ。

現場に着くと、その崖は前の年と何も変わっていない。変わっているといえば、周りが緑に囲まれつつあるといったところだろうか。なんとか盗掘の被害は免れたようだ。

前と同じように、三歩進んで二歩さがる崖を登っていく。前の年と心境は違う。なんせ、見事な骨が待っているのだ。

「さあ、ここですね」

軽快にツルハシを使って昨年埋めた土砂を掘り上げる。アドレナリンで満ち溢(あふ)れている私たちは、一気に骨の出た表面までたどり着いた。昨年被(かぶ)せたビニールが見えてきた。

「待って。ここからゆっくり。手で土砂を取り出して、ビニールを剥がしましょう」

ビニールの表面にある小石一つ一つを丁寧に退ける。刷毛を使って、細かい塵を掃いた。慎重にビニールを剥がす。

「まだ骨はありますね！」

私は当たり前のことを口にした。

「……先生、どこ？？？」

また疑いの目で見られる。デンタルピックを使ってその骨の輪郭をなぞってゆくが、みんなは納得していない。その様子に、私の自信も薄れていく。とにかく、もっと大きな骨を見つければいいと、私はその3ミリの骨の周りを削ってみた。少し周りを削っていくと、骨らしきところが取れそうになってきた。この3ミリの骨の後ろには、もっと大きな骨があると信じた私は、思い切って3ミリの骨を取った。

（あれ？）

3ミリの骨は取れたが、その後ろには何もなかった。ただの岩だ。私は必死に、取り出した3ミリの骨を指差して言った。

「ね？　これ骨ですよ！」

メンバーの目は冷ややかだった。仮にこれが骨だとしても、3ミリではどうしようもない。なんせ私たちが探しているのは、恐竜の全身骨格なのだから。

一息ついて言った。

「もう少し穴を大きくしましょう。危険だし、作業しづらいので」

崖を掘っていくが、一向に大きな骨が出てくる気配がない。第二、第三の3ミリの骨は出てくるのだが、尻尾の続きが見つかる気配はなかった。

私もどんどん無口になっていく。最初の3ミリの骨からもう20センチくらい崖を掘り込んでいるが、見つからない。何度も思い描いたイメージと違う。さっきまでは、作業による汗だったが、今は焦(あせ)りからの脂汗(あぶらあせ)に変わっていた。

沈黙を続けて掘ること1時間、周囲は諦(あきら)めムードに包まれていた。植物片の黒いしみはあるんだけどな、と思いながら掘っていたその瞬間だった。

「これは……？」

と私の目の前の黒いしみを櫻井さんが指差した。

脊椎(せきつい)の骨が目に飛び込んできた。目の前にあった黒いしみは、脊椎だったのだ。頭をぐいっと近づけ、確認した。間違いなく脊椎の骨だ。もう一度頭を近づけた。見つかっている尻尾の骨より大きい！　これこそ探していた、尻尾の続きである。

「あー出た！　骨だ‼」

一同で歓喜の声をあげた。

「やった！　やったね!!」

この時、私は確信していた。これにはさらに続きがあると。そして、それは身体の部分に他ならない。

## 発掘にはお金がかかる

「大きく崖を崩すしかないですね」

まだ続きがあるとしたら、崖のかなり奥まで骨がつながっている。それを掘り出すには、骨の上にある崖を崩さねばならない。大規模な発掘が必要だ。櫻井さん、西村さんと一緒に綿密に発掘計画を進めた。

恐竜発掘にはお金がかかる。そして、一般に発掘は掘り出しやすそうなものから優先して行われる。もちろん貴重なものは別なのだが。

今回発見したものは、貴重な標本のはずだ。いや、貴重そのものだ。

崖を切り崩すと一言で言っても、数千万円は費やすことになる。これまで見つかっているのは、尻尾の骨14個。そして、崖に残された尻尾の脊椎骨1個。この骨を手がかりに、何千万円というお金をかける決断を下すのだ。

結局、むかわ町は、この化石の価値、そしてさらに発掘する必要性を理解し、6000万円もの発掘予算をつけてくれることとなった。私の「全身骨格はあります！」という一言を信じて崖を切り崩すというのだ。

私には自信があった。7割くらいの確率で全身骨格が出ると。でも、もし残りの3割だったら？　水より重いはずの尻尾だけが海底に沈むことは理論上ないはずだが、「奇跡的」な例外だって起こりうるだろう。サメやモササウルス類といった肉食の海の動物が、気まぐれに尻尾だけ咥えてきて、海底に捨てたということは？　全身が見つからないストーリーをいくらでも思いつく。不安になってきた。

もし重機と人員を要請して、大規模に発掘をして何も発見できなかったら、どうしようか。私は、恐竜研究者生命が絶たれる覚悟さえしていた。迷いが口をついて出たこともある。

「西村さん、残りの骨格が出なかったらどうしよう」

「出ないと確かめることも大事です。出なかったとしても、尻尾だけでも日本の恐竜化石の歴史においては重要ですから、問題ありません」

この言葉で少し楽になった。その後も、西村さんの優しい言葉に何度も救われることなる。

## 少し散らばった骨

2013年9月、大規模な発掘が始まった。大きく崖を崩し、恐竜の骨が出ているであろう地層まで重機で作業を進めた。ある程度骨の地層に近づいたところで、削岩機やツルハシ、ハンマーを使うことにした。

前回見つけた骨の周りからは、一つ、また一つと脊椎の骨が見つかっていく。予想通り、骨は、最初に見つかった尻尾よりも大きくなっていく。確実に体に近づいている。ただ、一抹(いちまつ)の不安があった。それは、思ったより骨がつながった状態ではないということだった。つながっていたはずの骨は一つ一つが外れ、少しバラバラした状態だったのだ。「アジの開き」のように骨がつながっているものとは大きく異なっている。

(海水の流れの影響をかなり受けたのかな？　すぐに埋もれなかったようだな)

散らばっているということは、恐竜が海底に沈んだ後、すぐに土砂に埋もれるのではなく、しばらく海底の水の流れにさらされ、他の動物たちに食い荒らされた可能性を示す。あまり好ましくない状態だ。

若干、予想には反したものの、骨自体は次々と出てきた。ほっと胸をなでおろす。

脊椎骨が幾つか出てきたところで、50センチほどの大きな岩にぶち当たる。ノジュールだった。しかもかなり大きい。これは期待が持てる。脊椎骨だけではなく、他の骨が大きなノジュールの中に残されている可能性があるのだ。これはいいぞとガッツポーズをして、発掘の指示をする。

「ノジュールの中に骨がたくさん入っています。ノジュールを掘り出す感じで発掘してください」

掘り出されていくにつれ、その大きさがあらわになっていった。1メートルを超える巨大なノジュールは、何日もかけてようやく発掘し終えた。

そんなある日、発掘隊の一人がこんなことを聞いてきた。

「このノジュールに、どんな骨が入っているんですか？」

シンプルな問いに困惑した。本章の最初でノジュールを宝箱に例えたが、その宝箱を開けずに中身を当てろと言われているようなものだからだ。

「おそらく、脊椎骨の続きと……ここは腰の骨かな？」

だいたいの答えを口にする。これほどの規模のノジュールの発掘など私自身も初めてなのだ。どこの骨を発掘しているか分からないまま作業を続けることほど、不安で困難なものはない。どの方向にどれだけ掘るべきか。イマジネーションをフルに発揮して、骨の配置を想像し、発掘を続けた。

## “相棒”の正体

発掘を再開して2週間ほど経った。崖から2メートルほど掘り下げたため、ノジュールのあちらこちらに骨が露出していた。しかし、私には納得がいかないことがあった。

「そろそろ大腿骨が見つかってもおかしくないんだけどな」

私の独り言に西村さんが答える。

「もっと掘らないとダメなんじゃないですか?」

「大腿骨はかなりでかいはずだから、あれば一発で分かるはずなんですよね」

そう言いながら、毎日大腿骨を探して掘り続けた。疲れた時には目の前の長細い大きなノジュールに腰をかけ、発掘の時には同じノジュールに足をかけて作業を行う。

「大腿骨、ないなー」

調査隊員からジュースが入ったコップを手渡されながら、つい思いを言葉にしていた。

「どんな形ですか？」

「おそらく、1メートルくらいの長さでこれくらいかな」

私は両手を使ってジェスチャーをした。するとその調査隊員が言った。

「小林さんの腰かけてるノジュール、形似てますね」

「えっ？」

振り返り、しげしげと見てみる。毎日を共にしていた目の前のノジュール。腰や足を休めさせてくれた調査の友である。まさかこのノジュールが大腿骨だなんて。改めてそのノジュールを注視した私は、目を丸くして言った。

「マジか？」

それはまさしく大腿骨だった。毎日座っていた岩の椅子が大腿骨そのものだったのだ。あまりにも巨大すぎてこのノジュールが骨だとは思わなかったのだ。

「本当だ。でかっ！」

そのあと私は、何度も叫んだ。

「でかっ!!」

想像を超える大きさだった。大腿骨なら大きいものだろうと頭ではわかっていたが、想定を優に超えていた。この大腿骨の大きさなら、全長は7メートルを超える。この時初めて、この恐竜の巨大さを実感した。

**「頭はないのかい、先生?」**

大腿骨が見えてくると後ろ足全体が見えてきた。尻尾から腰、そして後ろ足と、この恐竜の〝下半身〟がはっきりしてくる。

これは嬉(うれ)しい! 全身骨格をついに見つけたのだ!

発掘現場へ見学に来たむかわ町民に誇らしげに説明する。

「これこそ間違いなく恐竜の全身骨格です」

町民からさっそく厳しい質問が飛んできた。

「頭はないのかい、先生?」

さすがにこの時は、もうちょっとこの発見の余韻に浸らせてくれないものかと感じた。

(日本では有数の素晴らしい全身骨格だとわかったばかりなのに)

その後もノジュール発掘が続いた。大腿骨ははっきりと形が出ているものの、その他の骨はおぼろげにしかわからない。ただ、確実に骨が出ているのは確かだ。とにかくひたすらに発掘を続けていくしかない。

正直なところ、頭があるかどうかはわからない。尻尾が見つかった時は、水との比重を考えて体があると確信はしていた。しかし、頭となると話は別だ。頭を失ったのか沖合に流されたのか。いや、海面を漂流している間に、他の動物にもぎ取られたかもしれない。腐って落ちてしまったかもしれない。不安そうな表情の私を見兼ねてか、西村さんが再び天使の言葉を口にした。

「間違いなく全身骨格です。これで十分です。発掘の責任は果たしました」

この年の発掘も終盤に差し掛かった時、あるものが発見される。恐竜の歯だった。大きさは2センチ程度の小さな歯。抜け落ちた歯の化石だ。

「頭骨はあるぞ！」

私は深く頷いた。

頭骨には多くの情報が含まれており、ハドロサウルス科と考えられるこの恐竜の全貌を解明するには不可欠のものなのだ。

## 出現した100本以上の歯

そして翌2014年夏、2回目の発掘が始まった。

崖はさらに大きく切り崩され、頭骨発見のための準備が整った。穴の深さはさらに深くなってゆく。深さ8メートル。そろそろ頭骨が出てもおかしくない深さだ。

なぜ「頭が見つかるはずの深さ」がわかるのか。そのカギは大腿骨にある。恐竜の大きさは、大腿骨の長さから割り出せるのだ。この恐竜の大腿骨は1メートル強、すると恐竜の体長は7〜8メートルと推測される。そして穴の深さがいま8メートル。数字上はピッタリなのである。

この年行ったのもノジュールの発掘だ。イマジネーションが試される段階にさしかかっていた。ノジュール内に骨が収納されているため、どの骨がどこにあると判断するのは至難の業である。あらゆる情報を基に骨の分布を推測し、発掘を行う。

(頭はどこだ)

頭骨があるのは確実だ。前の年の発掘の最後に出た歯が、何よりの根拠である。

歯は硬い。体の中で一番硬い。その理由は、食べ物を口の中で砕くために硬度を必要とするからだ。歯も骨と同じアパタイトでできているのだが、骨よりも密にできている。それは、他の骨よりも重いことを意味する。体の中でも一番重い歯だけが体から離れて流されたはずはない。つまり、歯が付いていた頭がすぐそばにあるということだ。

問題は、崖のどこに埋もれているかだった。

発掘を進めていくうちに、大量の歯が見つかった。総数１０００本以上。ハドロサウルス科の恐竜の顎（あご）には１０００本近い歯が生えている。そのうちの１００本が抜け落ちて、散乱しているのだ。確実に頭に近づいている。ただ、しつこいようだが、このノジュールが邪魔してどこにあるのかよくわからない。

歯の散乱の仕方を記録していくと、あることに気がつく。歯が帯状に散乱しており、その中心にノジュールの塊がある。１００％ではないが、このノジュールの塊に頭の骨が入っている可能性が高い。しかも、最初に発見された尻尾から距離にして約７メートル。まさに頭があるべきところでもある。

私たちは思い切って、現場でそのノジュールの塊の一部を取り出してみることにした。教科書通りの発掘からは外れる行為ではある。だが、このケースでは必要だった。

取り出すために必要な亀裂（きれつ）を探すのが難しい。ようやく小さな亀裂を見つけ出すと、その周りを拭いて綺麗にする。亀裂は少しずつ大きくなっていく。根気のいる仕事ではあるが、相手は頭骨だ。地道に作業していくと確実にそのブロックが外れていく。ブロックがグラグラしはじめた。あとはゆっくりと引っ張り出すだけだ。

傷をつけないように慎重にブロックを取り出す。数ミリずつ引っ張り出していく。20分くらいかけてゆっくりと引き出すと、そのブロックが出現した。一見ただの岩だが、その岩の表面には骨の断面が見える。複雑な骨の断面だ。脳内にこれまで世界中で見てきた恐竜化石のデータベースを呼び出す。するとある骨と類似していることがわかった。

ハドロサウルス科の上顎骨だ。

私は心の中で叫んだが、声にはしなかった。

(よし！　間違いない!!)

「頭ですか？」

駆け寄ってきた調査隊員が問いかけてくる。

平静を装い、こう答える。

「ん〜、その可能性はあるけどまだわからないですね」

ことがことだけに、初見で断言するのは危険だと判断した。震える手を抑えながら、ブロックを新聞紙の上に置く。この時、私は3年越しのプレッシャーから解放された。まるで大手術を終えた医師のような満足感を味わった。

骨化石を岩から取り出すクリーニング作業は穂別博物館で行われた。上顎骨だと思っていた骨は、予想通り、上顎骨だった。さらなるクリーニング作業によって、他の頭骨の骨を始め次々と全身があらわになっていった。

## 「むかわ竜」は新しい恐竜

２０１４年10月10日。私は緊張気味に、穂別町民センターのテーブルについていた。隣には、むかわ町の竹中喜之(たけなかよしゆき)町長が座っている。目の前には、これまで一緒に頑張ってくれた町の人たちが座り、そして多くの報道陣がカメラを構えていた。今から、頭骨の一部を発見したことを公式に報告するのだ。

「それでは記者発表を始めます」

司会は、むかわ町穂別博物館、櫻井学芸員が務める。これまでの発見の経過をおさらいするようにパネルを使って説明する。そしていよいよその時はきた。

「皆様、お待たせしました」

日本の恐竜研究史を塗り替える大発見を伝える緊張とここまでたどり着いたという感動で、私の声は震えている。私の〝賭け〟を信じてくれた同志たちに対する感謝の気持ちで胸はいっぱいだった。町長と一緒に、布をめくる。一斉にたかれるカメラのフラッシュで、会場が一気に明るくなる。

「これが、頭骨の一部です」

恐竜発掘には途方もない時間と多額のお金がかかる。今回の発掘も例外ではない。堀田さんが最初に尻尾を発見したのは2003年。その後、11年までむかわ町穂別博物館の収蔵庫に眠っていた。その後は発掘の準備に1年、発掘そのものに2年。つまり、最初の発見から11年もかかっている。そして、この恐竜には「むかわ竜」の通称がむかわ町によってつけられた。

こうして町や地域が盛り上がって行く中で、私はある思いを抱いていた。

むかわ竜には、どのハドロサウルス科の仲間にも見られない特徴があるのだ。その固有の特徴は体全体に見られており、まず、わかりやすいものとしては、前脚が異常に細い。マニアックな点としては、胴の背骨の骨（胴椎骨）の上に伸びる骨（神経棘）が一般的には後ろに傾いているところ、むかわ竜の神経棘は前傾しているのだ。今だから言えるが、クリーニングした骨を見たときには、研究者として本当に驚いた。

見たことがない――。このとき私は、むかわ竜が未知の恐竜であることを確信した。ハドロサウルスの仲間の中には、骨でできているトサカで頭を飾っているものがいる。むかわ竜には、その骨が残されていないものの、痕跡は見られる。むかわ竜が頭に飾りをつけていたかもしれないことまでがわかってきた。

２０１９年４月。頭骨の発表から４年半の月日が流れた。発掘した膨大な量のジャケットのクリーニング作業に４年間もかかった。その後、全身復元骨格を組み上げるための作業を重ねてきたのだ（口絵４頁・上写真）。この日も報道陣に来てもらい、成果を全国に伝えてもらうことにした。

「先生、感想は？」

「とにかくでかいですね」

全長８メートル。頭から尻尾まで８割以上の骨が揃っている。まさにその言葉がふさわしい全身骨格だ。これほどの大型恐竜の全身骨格が発見されたのは、日本初である。

遡（さかのぼ）ること半年前、私はモンゴルの首都ウランバートルにいた。毎年９月に恒例となっている調査のためだ。ホテルに着いたのが夜中だったので、疲れていたのだろうか、知らないうちに眠りについていた。ふと目が覚め、携帯に目をやった。朝の4時半だ。

（え？　なにこれ？）

驚いたのは、その時間ではない。携帯の画面に「北海道で地震」とある。

（北海道を出た時には、地震なんて起きてなかったのに）

寝ぼけていたのか、この速報は私が日本を発つ前の出来事だと思った。だがよく見ると、ついさっきの話だということに気づく。しかも、胆振地区で発生していた。震源地は昨日、記者発表をした会場のすぐ近くではないか。私たちは作業終了の報告と並べた全身骨格を披露していた。

不安になった私は、竹中町長とむかわ町穂別博物館の櫻井さん、西村さんにメールで連絡を取る。しばらくすると櫻井さんと西村さんから「町は大変ですが、むかわ竜は無事です」と返信があった。

化石も心配だったが、それ以上にみんなの安否が心配だった。すぐ飛んで帰って、少しでも手助けをしたい。その後の情報で、北海道中の電気が消えたことを知る。私が今できることは何か。むかわ町が大変な目に遭っているのに、恐竜調査など、呑気なことを言っていていいのか。今年の調査を諦めて、北海道に戻るべきか。悩んでいるうちに、町長からメッセージが届く。

「町民のみんなで乗り越えていきます」

私の都合のいい解釈かもしれないが、この時にこう思い直した。恐竜発掘と研究を全力で行うことが、むかわ町のためになる。それが、私ができる最大限の貢献なのだ、と。

2019年9月、世界にこれまで知られていなかった新たな恐竜として、むかわ竜にカムイサウルス・ジャポニクスと命名した。「カムイ」は「アイヌ文化の神」を示す言葉で、「サウルス」はご存じのようにトカゲ＝爬虫類、そしてジャポニクスの部分は「日本」を意味している。この恐竜に私は「日本の恐竜の神」という名を与えたのである。

なぜ神としたのか――。これまで日本全国から恐竜化石が発見されてきた。有名な産地として、兵庫県、熊本県、福井県などが挙げられるが、いずれにおいても、骨格の一部が出てきたに過ぎない。一方、この日本の恐竜の神は全体の80％ほどの骨が見つかっている。8メートルに達する巨大な恐竜で8割を超える骨が発見されたのは国内初の例であり、「世紀の大発見」であることは間違いない。カムイサウルスという名は、この神がかった発見に相応しい。私はそう考えたのだ。

カムイサウルスは恐竜時代末期に棲息していた。およそ7200万年前という、恐竜時代でも最盛期にあたる時期である。タイムマシーンで7200万年前まで遡り、アメリカ大陸をドライブすれば、そこではティラノサウルスやトリケラトプスが走りまわっており、当時の北海道まで足を延ばせばカムイサウルスが闊歩している。そんな構図なのだ。

この時代の日本の恐竜化石は皆無に等しく、これまでわが国ではティラノサウルスの時代について語ることはできなかった。今回の発見によってようやく大恐竜時代を語れるようになったのである。

もう一つ特筆すべきことがある。この化石が海の地層から発見されたという事実だ。

恐竜は言うまでもなく陸棲生物であり、カムイサウルスも例外ではない。海岸で生活していたカムイサウルスが、死んでから（あるいは生きたまま）海に放り出され、数十キロ沖まで流された。その後、静かな海底へと沈む。歳月を経て泥に埋もれ、私たちが発見するまで、タイムカプセルのように、7200万年の間、岩の中で眠ることとなる。

つまり、海の地層から発見されたということは、カムイサウルスが海岸に棲んでいたことを示す。そもそも海の地層から発見されている恐竜化石自体が珍しく、世界全体で発見されている恐竜の5％ほどしかない。海岸線には生命豊かな環境が広がっていたのに、そこに棲んでいた化石がほとんど見つかっていなかったため、これまで、海岸線にどのような恐竜が生活していたかの想像図を描くことができなかった。カムイサウルスの発見によって、アジアの海岸線の風景をくっきりと描けるようになったのである。

穏やかな海岸。カメの仲間が産卵のために波打ち際(ぎわ)を這(は)う。傍らに美しいアンモナイトの殻が打ち上がっている。流木のそばに三本指の大きな足跡が続いている。50センチを超える大きな足跡や、15センチほどの小さな足跡。足跡の先を見上げると、数十頭の群れをなしたカムイサウルスがいる。全長8メートルのカムイサウルスが、2メートルほどの子供のカムイサウルスを優しく気づかっている。このような風景が、7200万年前の日本の海辺には確かにあったのだ。

学名決定前の8月、私はモンゴルへ調査に出かけていた。イギリスの科学雑誌「サイエンティフィック・リポーツ」に投稿したカムイサウルスの論文は既に受理されていた。しかし、出版日がなかなか決まらない。イギリスとの時差もあり、科学雑誌とのコミュニケーションはうまくいかなかった。

当時、東京・上野の国立科学博物館では「恐竜博２０１９」が開催されており、「むかわ竜」という通称で、カムイサウルスの全身骨格と復元組立骨格が展示されていた。こちらを見に全国から恐竜ファンが上野に集まった。皆が「むかわ竜」の学名の発表を楽しみに待っていた。そして９月６日、論文は出版された。むかわ竜は「日本の恐竜の神」という意味を持つ「カムイサウルス・ジャポニクス」という名を正式に得、モンゴルから一時帰国していた私は、その素晴らしい知らせを科学博物館で報告することができた。日本中の恐竜ファンが飛び上がって喜びを表現してくれた。

ここで気づいた人がいるだろうか。９月６日が運命の日であることを。北海道胆振東部地震は前年の２０１８年のちょうど同日に発生したのだ。

カムイサウルスが北海道で発見されたのはまさに神の配剤だった。そして、この恐竜は、北海道の震災からの復興を見届けてくれる神なのかもしれない。私は後日、そのように感じたのである。

# 第９章

# 恐竜界50年の謎〝恐ろしい腕〟の正体は

## 羽毛恐竜の衝撃

恐竜研究は急速に進歩している。以前は「絶対にわからない」とされていた恐竜の色までわかるようになってきた。骨を輪切りにし、骨の微細構造を観察する組織学といった新しい手法の誕生や、ＣＴスキャンのような新しいテクノロジーの応用、そして恐竜研究者自体が急激に増えていることが、その理由だろう。データを揃(そろ)えた理論的な研究が進み、信頼性の高い成果が日々発表されている。

一方で、研究成果に驚きが少なくなっているようにも感じる。論文の内容が細分化され過ぎているのだ。あくまで個人的な意見だが、国際学会に参加しても衝撃を受けるような発表にはなかなか出会わない。

ときおり新種を発見したというニュースが流れるものの、どこかで見たことがあるような恐竜であることが多い。かく言う私も、2011年にチウパロンという、中国のダチョウ型恐竜について、新属新種の恐竜として発表したものの、ほかのダチョウ型恐竜と全くと言っていいほど区別がつかない。恐竜を命名するときには、その恐竜にしかない固有の特徴を挙げるのだが、チウパロンは、脛（すね）とかかとの骨にちょっとしたくぼみがあるというだけなのだ。

大きな発見は、どこに潜んでいるのか。私はもちろんのこと、これから恐竜研究者を目指す若者は、どこに行けば世紀の大発見を達成することができるのか。

恐竜分野における直近の大発見。それは、今でも世間を騒がせ続けている、羽毛恐竜の発見である。もうずいぶん恐竜図鑑なんて見ていないという方がいたら、ぜひ最近のものを開いてみてほしい。知っているものとはまるで異なる恐竜の姿がそこにあるはずだ。1990年代中頃から、次々と羽毛の痕跡（こんせき）を残す恐竜が見つかっている。

ここまでお話ししてきたように、未知の恐竜を求めて、私はこれまで、だれも調査していないフィールドへ足を延ばそうと試みてきた。それと同時に、最初の発見から

50年経っても謎のままの、ある恐竜を追いかけてきた。そこには、私にとっては18年越しの「執念」も絡んでいる。

その恐竜とは、1965年にモンゴルで発見されたデイノケイルスである。発見されたのは主に両腕の化石なのだが、それが2・4メートルもの長さがある「大物」だった。ここから推定される全長は11メートル、誰もが知る肉食恐竜ティラノサウルスに匹敵する大きさだ。

この腕の持ち主は、一体どんな恐竜だったのか。世界中の研究者が追い求めたものの、最初の「腕」のあと、それにつながる骨は世界のどこからも発掘されないのだ。まさに「謎の恐竜」という名にふさわしい。

発見から5年後の1970年、この化石は〝恐ろしい腕〟を意味するデイノケイルスと命名された。鋭くカーブした爪を持つなどの特徴から、獣脚類であると分かったものの、それ以外の詳細は一切不明だった。研究者の中には、テリジノサウルスに近縁だとか、スピノサウルスに近縁だとか、あるいはどれにも属さない恐竜などと考える者がいたが、どの説も共通見解には至らなかった。

本章ではこのデイノケイルスの探求についてお話ししよう。発掘で終わりとならなかったことが、個人的にも非常に興味深かったのだ。

## ヘルシンキでの出逢い

２００1年、フィンランドの首都ヘルシンキに私は立っていた。2月の冷え切った空気は肺に突き刺さるようで、呼吸がうまくできない。ただその息苦しさを忘れさせるほど、空気は澄みきり、目の前に広がる風景は本当に美しい。それは大学時代を過ごした、米国ワイオミング州を思いださせた。

目的地である科学館には、モンゴルで発見された恐竜化石が運び込まれ、多数展示されている。当時、私は前述した胃石の論文発表のあと、胃石の持ち主であるダチョウ型恐竜、オルニトミモサウルス類の研究を続けていた。オルニトミモサウルス類のハルピミムス、ガルディミムス、ガリミムス。これらの化石を研究させてもらうために北の都にやってきたのだ。

展示はコンパクトにまとまっており、品がある。押し付けがましい説明パネルもなく、恐竜化石の持つ「自然が生み出した造形物」としての美しさを引き出している。目的の場所を目指してコーナーを曲がったところで、とてつもなく大きな腕の化石が視界に入ってきた。デイノケイルスの化石だ。

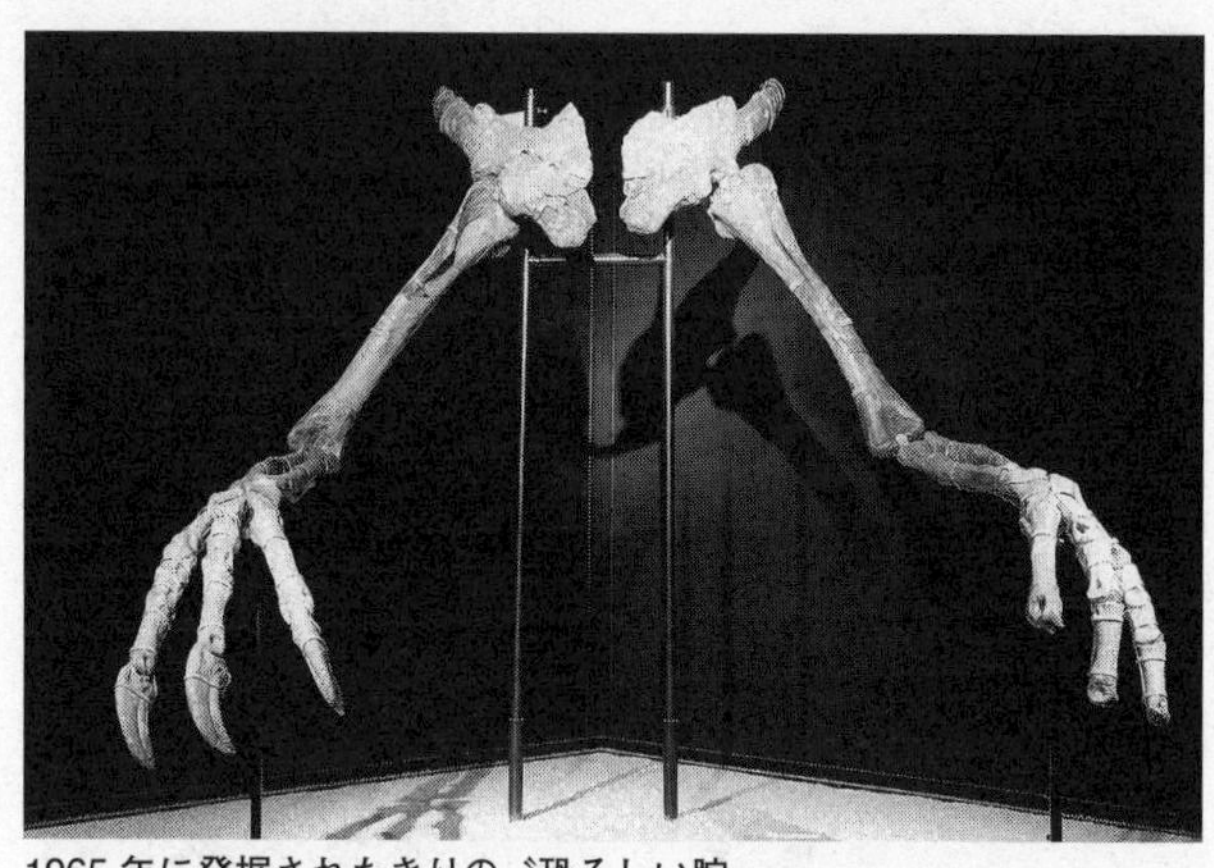

1965年に発掘されたきりの〝恐ろしい腕〟

（でかい……）

デイノケイルスのことは知っているつもりだったが、本物を目の当たりにすると、その大きさに言葉を失った。そして何よりも驚いたのが、その腕の形状がオルニトミモサウルス類のそれにそっくりだったことだ。

この時点で、私は世界中で発掘されたオルニトミモサウルス類の化石を見てきていた。目をつぶっても、あらゆる骨の形状を思い浮かべることができるくらい、オルニトミモサウルス類三昧の日々を過ごしてきた。だからこそ、このとき抱いた驚きは大きかった。

「オルニトミモサウルス類じゃないか」

何度もつぶやいた。とにかくそっくりな

のである。テリジノサウルスでもスピノサウルスでもない。オルニトミモサウルス類に猛烈に似ていると私は感じた。

しかし、あまりにも巨大過ぎる。あり得ない大きさなのだ。これまで発見されたなかで一番大きなオルニトミモサウルス類はガリミムス。体長が約6メートルで、腕の長さが、1メートル30センチほどの恐竜だ。片や、目の前のデイノケイルスの腕は2メートル40センチ、これだけでどんなに身長の高い人間をも超えるのだ。ただし、その巨大な腕は、他の動物を襲うために使われたとは考えられない。骨は細長く、強靱(きょうじん)な筋肉がついていた痕跡はないからだ。では、どのように使っていたのか。そもそも、この巨大な腕の持ち主の姿はどんなものだったのか。知らないうちに、心に浮かぶ言葉を声にして発している自分に気づく。

できるものなら、この不可解な恐竜の残りの化石を発見したい。そして、自分の手で全貌(ぜんぼう)を明らかにしたい。

## 「ハイエナ作戦」

2008年の夏、私は写真を片手に炎天下のゴビ砂漠を歩いていた。第2章でお話

しした ヨロイ竜を掘り出した後、こちらへ転戦してきたのだ。

崖の縁に立ち、右手に持った写真と目の前の風景を見比べる。

「似ているけど、違うな」

それは、1960年代に撮られた発掘現場のモノクロ写真だった。

デイノケイルスは、1965年にポーランド・モンゴル古生物学調査隊の一人、キエラン・ジャヴォロウスカ博士によって発見された。現場はネメグト盆地のアルタンウル（金の山の意味）に広がる谷だ。ここからは、タルボサウルス、サウロロフス、大きな爪をもったテリジノサウルスなど、さまざまな恐竜が発見されている。

私たちが発掘地点を探していたのはなぜか。掘り残しがないか確かめるためだ。まるでハイエナのようではあるが、重要な化石が掘り残されていることがある。発掘には、お金と時間がかかる。どちらかが尽きて、研究者が掘りきれずに残してゆくことがままあるのだ。

私たちが追い求めているデイノケイルスについては、肩と腕の骨、そして脊椎や肋骨などが発見されている。発掘記録からは、すべて掘りきったのか、まだ残りがあるのかが明らかではなかった。当時発掘に関わったポーランド人に問い合わせても、「多分掘りきったと思うけど」という曖昧な答えしか返ってこない。であれば、挑戦する価値はある。カナダのフィリップ・カリー博士を含む私たちは、わずかに残された可能性に期待しながら、捜索を始めた。

その際、有力な手がかりとしたのがモノクロ写真だった。ポーランド・モンゴル調査隊は、発掘の様々な記録を論文に残した。しかし四十数年前に描かれた地図は正確さに欠け、あまり当てにならない。一番信頼できると考えたのが、当時撮られた写真だった。

とはいえ写真からの捜索は、困難を極める。砂漠の風景はどこもかしこも似ているからだ。特徴のある崖を見つけ、正しい角度に見える立ち位置を探し、その地点に立ってみて、また写真と見比べる。

疲労と焦り（あせ）のためか、「見つけた！」という叫び声がときおり聞こえる。そこへ集まってみると、確かに似ているのだけれども、どこかが違う。何人かが「ここじゃないか」と確信するくらいの風景が何ヶ所も現れる始末だ。すぐさま確認のために、その付近に釘（くぎ）や板、石膏（せっこう）の破片や新聞、空き缶や空き瓶などが落ちていないか探してみる。もし何も落ちていなければ、その場所はハズレだと判断する。

発掘の時には、必ずと言っていいほど、新聞紙や石膏、木の破片などが化石産地の周りに散らばってしまう。ジャケット作りや、発掘のためのキャンプ生活でもゴミが出る。これらが貴重なヒントになるのだ。特に新聞紙や空き缶などには、いつどの国が発掘したのかという情報が宿るため、非常に有効なヒントとなる。ここまで調べる我々は、まさにハイエナだ。

## 灯台下暗し

そして、探し始めて3日目、その瞬間がやってきた。

キャンプ地に近いため、何度も通りかかった崖。あまりにも何度も通り過ぎていたからか、メンバーの頭からは除外されていた場所だった。まさに灯台下暗しだ。

ポーランドの研究者が撮影したモノクロ写真をかざすと、目の前の風景とぴったりと一致する。そして、足下には木屑と釘が散乱していた。

「見つけたぞ!!」

興奮した調査隊は、たちまちその場に集まる。次のミッションは、掘り残された骨があるかどうかを確認することだった。

43年前に撮られた風景は、目の前に広がる砂漠そのものだった。全くといっていいほど変わっていない。丘や谷の形だけではなく、そこに転がっている石までも同じなのだ。ゴビ砂漠には、私たちが暮らす世界とはかけ離れた、ゆったりとした時間が流れており、そしてこの地から、あの〝恐ろしい腕〟が出現したのだ。

論文に記された発掘の記録を取り出す。

「ここから上腕骨が発見されて……。肩甲骨はここで、手の甲の骨はここ。待てよ。ということは、この辺はまだ掘られていないかも……」

発見の状態が記された図を指でなぞりながら、発見された骨の位置と、まだ掘られていない場所を確認する。海賊の遺した地図を見ながら宝を探しているような、不思議な感覚を覚えた。

それらしいところをショベルで掘り返してみる。ショベルを突き刺すと、サクッと簡単に入っていく。つまりそこは岩ではなく、砂だった。調査隊が掘り出し、積み上げた砂のようだ。

諦めずに掘り続けると、カチッという音とともに、ショベルの先が止まった。岩に突き刺さった瞬間である。半日をかけて砂を全てどけると、岩の表面が露出した。当時の発掘の表面だ。

きれいになった岩の表面と、発掘記録とを照らし合わせる。わずかではあるがまだ掘られていない部分があることに気づく。みんなの興奮と期待が高まる。

（ここを掘ってゆけば、掘り残しが見つかるかもしれない）

残された部分は非常に少ないため、私たちは道具を使って慎重に少しずつ岩を剝いでいく。そろそろ骨に突き当たってもいいのに、と思いながら剝がしていくが見つからない。１時間もしないうちに、残された岩はなくなってしまった。

「何かが残されているはずだ！」と祈りに近い思いを抱きながら、残された岩のさらに下を掘っていく。その穴はどんどん大きくなり、会話もなくなっていった。戸惑いがチームを包みはじめる。

そんな時、「骨だ！」という声があがった。

少し離れて作業していたフィル・ベルというオーストラリア出身の研究者だった。骨の塊で、あまり保存状態の良いものではなさそうだ。積み上げられた砂の中から見つかったということは、研究には値しないと判断されたのだろうか。

骨を手にしてみると、脊椎骨であることがわかる。実際、ポーランドとモンゴルの調査隊が発表した論文にも、脊椎骨が発見されていることが記されている。私はとりあえず、化石が出てきたことにほっとしていた。

「こっちの、この細い骨は？」

フィル・ベルが続いて尋ねる。彼が同じ場所から見つけたのは、デイノケイルスのものと思われる肋骨の一部（腹肋骨）だった。フィル・ベルは、その腹肋骨に残されたある痕跡に気がついた。

「この腹肋骨に細い線がたくさん残っている。これは、デイノケイルスが肉食恐竜に食べられた時の嚙み痕じゃないか」

傷痕を覗き込んだ、研究者たちの顔色が変わった。

## 恐竜探偵──犯人は誰か

2本の腹肋骨はそれぞれ6センチと7センチの長さで、太さは1・5センチほどだ。それほど大きな骨ではない。よく見ると確かに、平行に走る溝がたくさん刻まれていた。

「本当だ。溝がたくさんついている。間違いなく恐竜の嚙み痕だ」

みんながうなずく。

「嚙み痕が残された骨は、なかなか見つけることができない貴重な標本だ。カナダから発見された数多くの恐竜の骨を調べても、2％にも満たない。これはすごい発見だぞ！　デイノケイルスの推定体重は、6トンあまり。大型のティラノサウルス類と同じくらい巨大な恐竜を、いったい誰が襲ったんだろう？」

フィリップ・カリーがそう言った。

ルーペで溝を観察すると、その特徴が見てとれた。溝の幅は1ミリほどあり、断面がU字型をしている。

恐竜が残す噛み痕には三つのタイプがある。骨ごと肉をがぶっと噛んで、穴になった噛み痕。骨を噛んだ時に歯の先で骨を削ってできる溝。歯の縁にあるギザギザの痕で細い線がたくさんついた痕。これらのうち、ギザギザの痕が最も重要な証拠であり、これを研究することにより噛み主を解明することができる。

多くの肉食恐竜の歯にあるギザギザを鋸歯（きょし）と呼ぶ。この鋸歯は、ノコギリやステーキナイフのそれと同じで、物を切る時に役に立つ。ノコギリもステーキナイフも切るための道具だが、木を切るノコギリの鋸歯の目は大きく、肉を切るステーキナイフの目はより小さいという違いがある。

肉食恐竜によって食べていたものも、食べ方もそれぞれ異なっていた。そのため鋸歯の形もそれぞれに異なっている。

デイノケイルスに残された噛み痕は、幅1ミリで断面がU字型。では、誰が巨大恐竜デイノケイルスを捕食したのか。

デイノケイルスが棲(す)んでいた時代、モンゴルには何種類かの肉食恐竜（獣脚類）が生息していた。アルヴァレッツサウルス科、ドロマエオサウルス科、オルニトミモサウルス類、オヴィラプトロサウルス類、ティラノサウルス科、テリジノサウルス科、そして、トロオドン科である。これらがいわば犯人候補だ。恐竜に詳しい読者には聞き慣れた恐竜名だろうが、そうでない読者には、このややこしさをちょっとお許しいただきたい。

彼らの中から、犯人を絞っていく。なかには簡単に除外できる恐竜がいる。オルニトミモサウルス類とオヴィラプトロサウルス類だ。なぜなら、これらの恐竜には歯がない。歯の代わりに、鳥のようにくちばしを持っていたのだ。歯がない恐竜は、嚙み痕を残すことはできない。

アルヴァレッツサウルス科の恐竜も除外される。モンゴルのアルヴァレッツサウルス科の歯は非常に小さく鋸歯の嚙み痕が残るとは思えない。テリジノサウルス科は、獣脚類でありながら植物を食べていたことが知られているので、これも除外できる。トロオドン科も雑食と考えられている。またモンゴルから発見されているトロオドン科の代表的な恐竜にザナバザールがあるが、その鋸歯の幅は0・3〜0・4ミリしかない。デイノケイルスに残された溝の幅より小さいので、明らかにトロオドン科ではない。

ドロマエオサウルス科とティラノサウルス科。犯人は、この2種類に絞られた。彼らはただの肉食恐竜ではない。私は以前、カナダの研究者と共に恐竜の脳の研究をしたことがある。CTを使った計測から判明したのは、これらの恐竜は超肉食恐竜（Hypercarnivory）であるということだった。

脳の一部に嗅覚を感知する嗅球という部分がある。これが異常に発達しているのだ。アロサウルスやギガノトサウルスなど巨大で獰猛な恐竜と比較しても、ドロマエオサウルス科とティラノサウルス科は、さらに嗅覚が優れている。つまり、どんなに離れている獲物でも見つけ出すことが可能であり、また暗闇の中でも獲物に襲いかかることができた。

ちなみに、ドロマエオサウルス科とティラノサウルス科は、映画「ジュラシック・パーク」や「ジュラシック・ワールド」にも出演している。〝ラプトル〟と呼ばれるドロマエオサウルス科の恐竜がその鋭い爪と歯を剥き出して、キッチンで人間を追いかけるシーンはとても印象的だった。ティラノサウルス科の代表であるティラノサウルスはジュラシック・パークの主役であり、その巨体と、車のボンネットも簡単に噛み砕くほどの強靱な顎を誇る。まさに殺戮マシーンとして描かれていた。

「将来、タイムマシーンができたら、どの恐竜を見に行きたいですか？」という質問をしばしば受けるが、仮に恐竜時代に戻ることができても、これらの超肉食恐竜には決して出会いたくない。ここで、どうしても見に行きたい人に忠告しておくが、恐竜たちは窓から眺めるだけにしてタイムマシーンは絶対に、降りないほうがいいと思う。

さて、デイノケイルスが生きた時代、モンゴルではアダサウルス（ドロマエオサウルス科）とタルボサウルス（ティラノサウルス科）が歩きまわっていた。このどちらかが、デイノケイルスを食べた犯人である。

では、彼らの鋸歯はどうか。アダサウルスの鋸歯の幅は０・５ミリしかない。これはデイノケイルスに残された溝よりも小さく、犯人でないことは明らかである。タルボサウルスの鋸歯の幅は、１ミリと大きく、デイノケイルスに残された痕と一致する。さらに、その鋸歯の形から推測される溝の形もU字型であり、この点でも一致する。

デイノケイルスを食べた犯人はタルボサウルスだったのだ！

興味深いのは、その傷が残されたのが腹肋骨であるということだった。すでに見つかっているデイノケイルスの肩の骨、腕の骨、そして脊椎骨には噛み痕がない。腹肋骨に噛み痕が集中しているということは、タルボサウルスがデイノケイルスのお腹の部分を食べていたということを示す。巨大で獰猛なタルボサウルスが、血まみれになりながら同じくらい巨大なデイノケイルスの内臓に食らいつく、ダイナミックな光景が浮かび上がる。

「ハイエナ作戦」で得られた2本の腹肋骨からは、このような情報を得ることができた。しかし、私たちが追い求めている全容解明にはほど遠い。

「もっと骨化石が残ってると思ったけどなかったね。一体どこに行けばデイノケイルスの化石が見つかるんだろうか」

だが、諦めなければチャンスは巡ってくる。

そして、2009年夏、この「ハイエナ作戦」の1年後に待望の日がやってくる。

## デイノケイルス発掘!

この年、私はアラスカでの調査のため、数日遅れてモンゴルの調査に参加した。合流するとすぐに、チームリーダーである、韓国のイ・ユンナムに近況を聞く。

「これまでは盗掘現場ばっかり。かなりやられている。でもそのうちの一つに壊されていない骨もたくさんあって、この現場はいいかもしれない。テリジノサウルスだって、フィル（フィリップ・カリー）が言ってる」

それから数日間は盗掘現場で作業を行った。壊された骨を収集し、地中に残された骨を掘り出す。意外にもかなりの骨が揃っている。予想以上だ。

そんなある日、イ・ユンナムが大声で呼ぶのが聞こえた。

「ヨシ！　ちょっとこっちに来て！」

ユンが指を差しているのは、肩と腕の骨だった。すぐにわかった。デイノケイルスで間違いない。ヘルシンキで見た腕の骨と全く一緒なのだ。テリジノサウルスと予想して掘っていた骨格はデイノケイルスだったのだ。世界の恐竜学者たちが追い続けてきたデイノケイルスの骨格が眼前にある。そしてその幻の全貌が、私たちの手によって明らかにされるのだ。

手に入れたデイノケイルスの全身骨格を、ウランバートルの研究所で、急いでクリーニングする。肝心の頭骨はなかったが、私たちはこれまでにない数の骨を発掘することができた。首の骨と腰の骨、前肢と後肢。誰かにもぎ取られたかのように、頭と手足はない。特に手は、腕から手の甲まで揃っているのだが、甲の真ん中から先が失われていた。盗掘した連中が持ち去ったのだろう。爪がついている手は、高く売れる部位だ。悔しさはあるが、これだけ見つかったことを喜ぶことにした。

2009年、大人のデイノケイルスの骨格が現れた

２０１１年、イ・ユンナム、フィリップ・カリー、そして私を中心とした研究チームは、デイノケイルスの研究を進めていた。すると、ブリュッセルにあるベルギー王立自然史博物館のパスカル・ゴデフロイトから、思いがけない内容のメールが届いた。

「君ら、デイノケイルスを見つけたらしいね。実は偶然にも、私の手元にデイノケイルスの頭と手、足の化石らしいものがあるんだ」

そんなことがあるのか⁉　話を聞くと、その骨格はモンゴルから密輸され、世界中のミネラルショー（鉱物・化石などの展示会）で販売されていたらしい。高額を提示したゆえになかなか買い手が現れなかったものの、ドイツのアマチュアが買い取ったという。それが、パスカルの手に入ったというのだ。

私とユン、フィルは、すぐにブリュッセルに集合することを決めた。

## 想像以上の異様な姿

パスカルの研究室に入ると、そこには1メートルもある、奇妙な頭が横たわっていた。大きさを別にすれば、私の目には馴染(なじ)みのある恐竜の顔だった。

「ヨシ、負けたよ。オルニトミモサウルス類だね」

フィルが言った。獣脚類を専門とするフィルはデイノケイルスは同じく大きな腕を持つテリジノサウルスと近いと見ており、この二つで〝デイノケイルス類〟という独自のグループを作るという説と、私のオルニトミモサウルス類に分類されるという説とで意見を戦わせていた経緯があったのだ。

横たわる奇妙な頭骨には、歯がなかった。まさにオルニトミモサウルス類の特徴だ。オルニトミモサウルス類最大であるガリミムスの鼻先をグーンと伸ばし、くちばし部分をペシャッと上下に潰(つぶ)し「あひる口」にした感じだ。

すぐさま頭骨に見入り、議論する著者、ユンとフィル

「確かに、オルニトミモサウルス類だけど、変な頭だ」

私はすぐに頭骨を構成するそれぞれの骨の形や空いている孔(あな)などを確認する。

「なんだか、ハドロサウルス科のような特徴もあるね。パスカル、メールで言っていた手と足は？」

隣の部屋に案内された私たちは、その手を見て確信した。これは、あの盗掘現場から運ばれてきたデイノケイルスそのものであると。つまりこの骨格と、私たちの発掘した骨格を合わせて一体分なのだ。目の前には、現場でもぎ取られた手の甲の骨の残り、その先に続く指がずらりと揃っている。

私たちは、さっそく研究に取り掛かった。1965年に見つかった〝恐ろしい腕〟、「ハイエナ作戦」を含め私たちの2度の調査で見つかった骨格、これらすべてを合わせるとほぼ全身の骨格が得られることになったのだ（口絵2〜3頁・上写真）。これで50年続いた謎を解くことができる。

そして2014年、その研究成果をネイチャー誌に発表した。このニュースは世界を駆け巡り、デイノケイルスの摩訶（まか）不思議な姿は、世界中の恐竜ファンを驚かせた。

大きな腕。前後に長い頭骨と下顎。なかでも特徴的だったのは、背中の形状だ。背骨には、上に向かって神経棘（きょく）という板状の骨が長く伸びていて、史上最大の肉食恐竜スピノサウルスのように背中に「帆」のようなものまで有していた。スピノサウルス同様、交配相手にアピールしたり、敵味方を認識したりという用途で使われたのだろう。

ハドロサウルス類のように「あひる口」をしたくちばしで器用に植物をついばみ、竜脚類のように骨の内部構造をスカスカにすることで巨大化に成功した、様々な恐竜の「いいとこ取り」をしたような姿が浮かび上がってきたのだ。

ほかのオルニトミモサウルス類と同様、華奢（きゃしゃ）で体が軽いが、彼らはそれを走ることには使わず、巨大化へと利用して進化をしていった。後肢の末節骨の形から、川沿いなどの湿地帯に生息していたと考えられる。お腹からは胃石に加えて、魚の骨やうろこが発見された。植物や魚を食べる雑食性の獣脚類だったのだろう。

そして、私の考えたように、分類は、獣脚類オルニトミモサウルス類に属する恐竜であると正式に認められた。

2019年の夏、デイノケイルスの全身復元骨格が、第8章で述べたカムイサウルスと共に世界で初めて国立科学博物館で展示された。組み立て作業は、北海道むかわ町で行われ、私は監修者として作業を行なった。1メートルを超える頭骨や大腿骨。個々の骨が大きいのはわかっていたつもりだったが、少しずつ姿が見えてくると、その驚異的な大きさをあらためて感じた。世界に先立って見ることができたのは、監修者の特権である。

（震えるほどの迫力だ！）

主に植物を食べていた恐竜で、「優しい恐竜」だと思っていたがとんでもない。大きく広げた両腕から敵を威嚇しているかのような圧迫感を感じる。同じ場所に棲んでいたタルボサウルスもたじろいだことだろう。

長年謎の恐竜として研究者たちを魅了してきたデイノケイルスの全貌が、私たちの手によって明らかになった。予想を上まわる奇抜な姿形。見れば見るほど不可解なところがある。

いいとこ取りでこれだけ巨大化できた恐竜に、きっと敵はいなかったはず。タルボサウルスですら太刀打ちできなかっただろう。それなのになぜ絶滅してしまったのか。長年の謎は解けたものの、新たな謎が生まれた。本当に世話の焼ける恐竜である。

# 第10章「命を預けて」でも行きたい極地

## 彼らはなぜ「巨大化」したのか

アラスカ州デナリ国立公園。第1章でお話ししたアニアクチャック国定天然記念物・自然保護区から北東に約800キロの位置にあり、北米最高峰であるデナリ山(英語名マッキンリー)を擁する広大な自然保護区だ。偶然なのか、ここにもデイノケイルスが棲んでいた白亜紀末の地層が出ている(口絵4頁・下写真)。

私たちはここに2007年から入り、アジアの恐竜を探していた。「恐竜は極限の環境にどこまで適応できたのか」、そして「アジアの恐竜はいつどこからやってきたのか。またいつどこへ行ったのか」。この二つがテーマだ。

結論から言うと、いまだアジアだけに見られる恐竜を北米（アラスカ）から発見できていない。しかし、このデナリ国立公園の調査によって面白いことがわかってきた。

これまで私たちは、ハドロサウルス科、角竜類（つのりゅう）、テリジノサウルス類の足跡を多数発見した。このうちハドロサウルス科とテリジノサウルス科の足跡は、一緒に見つかることが多い。角竜類の足跡が集中しているところからは、ハドロサウルス科やテリジノサウルス科の足跡は、ほとんど発見されない。

これが意味することは何か。

恐竜たちも「ケンカ」しないように、棲み分けをしていたのではないか。私たちはそう考えた。植物食のハドロサウルス科と角竜類は、生活様式がほぼ等しいため、生活空間を分けることで競争を回避していたのだ。

その一方で、同じ植物食のテリジノサウルス類は、ハドロサウルス科と共存できたということから、同じ植物食でも異なる植物を食べていたため、競争すること無く仲良く暮らしていたと考えられる。

ここまで考えたとき、脳裏をよぎったのは巨大恐竜デイノケイルスの「残された謎（なぞ）」についてだった。

北米の生態系における植物食恐竜はハドロサウルス科と角竜類で占められ、すなわち彼らが主にティラノサウルスのお腹(なか)を満たしていたことにもなる。では、アジア（モンゴル）の植物食恐竜はどんな恐竜だったのか。

デイノケイルスが棲んでいた当時、モンゴルには、オルニトミモサウルス類のガリミムスがたくさん棲んでいた。ほかに、サウロロフスというハドロサウルス科の恐竜も棲んでいた。巨大な竜脚類も存在したが、その数は少ない。こうした植物食恐竜が支える生態系構成のなかで、最強の肉食恐竜として頂点を支配していたのが、前章にも出てきた、ティラノサウルス類のタルボサウルスだった。

ガリミムスはそこら中にいるものの、逃げ足が速い。体長6メートルほどあるが、ガリガリで獲物になりづらいだろう。動きが鈍く、肉がたくさんついているハドロサウルス科の恐竜は格好の餌食(えじき)となっただろう。一方で、北米で数多く発見される角竜類はモンゴルにはいなかった。その空いた生活圏を誰が支配していたのか。竜脚類だけで満たしていたのだろうか。

この時に浮かんできたのが、巨大な体をもつデイノケイルスとテリジノサウルスである。

デイノケイルスやテリジノサウルスは、奇妙な体をしていることでよく注目されるが、その体の大きさも異常である。体の巨大化と奇妙な体の進化には、関係があるのではないか。そして、彼らが巨大化した理由は、大型の角竜類が存在していないからではないか。

角竜類のいない生態系だったからこそ、同じく植物食だったデイノケイルスやテリジノサウルスの祖先が角竜類の代わりにその生活圏を支配した。彼らは、北米の角竜類が大型化していったのと同じように大きくなっていった。さらに、その巨大化に伴って、デイノケイルスは巨大な腕を、そしてテリジノサウルスは巨大な爪を手に入れていったのではないか。

そう考えると、北米の白亜紀末の地層から、巨大なデイノケイルスやテリジノサウルスが発見されないのもうなずける。現生動物では見られないほどの巨大化。化石となった恐竜のみが、その答えを知っている。その秘密を解明するのが、恐竜研究者の醍醐味の一つである。

このようなダイナミックな仮説をもたらしてくれることが、アラスカで調査を続ける原動力になっている。とはいえここは、簡単に来られる場所ではない。一言でいえばゴビ砂漠にもまさる僻地なのだ。歩いて入るのは難しく、人も住んでいないため滑走路もない。スタッフになってくれる人員も見当たらず、私たち研究者自身で重い荷物を持って入らざるを得ない。

これらの条件に合致する唯一（ゆいいつ）の移動手段はヘリコプターである。料金は非常に高額だ。私たちが必要とする1週間分をチャーターするならば、およそ1000万円。そして乗り心地といえば、およそ料金に見合わないという乗り物でもある。

## ヘリコプターをハシゴして

私たちのデナリ調査は、第1回の2007年から波に乗っていた。そこで翌年、その勢いに乗って欲張った計画を立てた。それは公園内のキャビンピークとストニー・クリークをヘリコプターで移動しながら合わせて調査してしまうというものだった。

最初の拠点は、デナリ国立公園本部の隣にある、公園が運営するアパートだ。今回のメンバーは、第1章にも登場したトニー・フィオリロ博士、カンザス大学のスティーブ・ハシオタス博士、そして私の3人である。少数に絞った大きな理由は、ヘリコプターを使うからだった。料金が高額になるため、なるべく乗る回数を減らしたい。3人だと、操縦士を入れて4人。ちょうど1回でチームが移動できる。

「痕跡（こんせき）を残さない（Leave no trace）」というコンセプトで保護されている全米の国立

公園のうち、特にデナリは基準が厳しいことで知られる。なるべく多くの自然をそのままの形で次世代に残すために、植物や野生生物に影響を与えないよう、細心の配慮をはらうべきだという考えにはもちろん賛成する。だが一方で、私たち研究者にとって、足かせになる事もある。

「ヘリコプターの許可が出なかったたって？」

スティーブが、トニーに向かって叫ぶ。スティーブは、ギリシャ系のアメリカ人で、感情がすぐに声に現れてしまう。ただこの困惑と怒りは私にも同意できた。ヘリに乗れなければ調査ができない。なんのためにここまで来たのか。

デナリ国立公園本部は、ヘリコプターを飛ばすことで野生動物が驚いてしまうと主張したという。その可能性は否定しないが、その理屈に従うと、私たちは国立公園ではもはや何もできなくなる。

「もう一度、本部のスタッフを説得しにいくよ」

トニーは頭を掻きながら、アパートを出て行く。

しばらくして帰ってきたトニーは、説明を始めた。

「なんとか説得できたよ。ただ、ヘリコプターに乗る回数と時間を最小限にするために、タッチ・アンド・ゴーに近い状態で行動しないといけないようだ」

タッチ・アンド・ゴーとは、ヘリがヘリポートに着地したのち、エンジンを切らないまま再びすぐに離陸することを示す。

今回の計画はもともと次のようなものだった。

目的地であるキャビンピークとストニー・クリークは比較的近い距離にある。食料の調達などのため、まず本部近くからヘリコプターでキャビンピークまで行き、調査が終わったら迎えに来てもらって本部まで戻る。アパートで準備をし直して、もう一度ヘリコプターでストニー・クリークへと向かい、調査後にまた迎えにきてもらって本部へと帰る。

これに対して、国立公園本部が提案したのは次の通りだ。

本部からキャビンピークにヘリコプターで移動する。公園のスタッフが、キャビンピークの近くにあるビジターセンターまで私たちの食料を車で運ぶ。このビジターセンターに別件で用事のあるヘリコプターを捕まえる。そのヘリコプターは、ビジターセンターからキャビンピークまで飛び、私たちを拾う。ビジターセンターにとって返し、タッチ・アンド・ゴーで届いていた食べ物を積み込み、そのままヘリコプターでストニー・クリークへと向かう。こうすることによって、3回の搭乗で済むというのだ。

「まあ、無事にヘリコプターが飛べばいいけどね」

もちろん私たちは、この複雑な行程を受け入れるしかなかった。

次の日、指定されたヘリポートに私たちは向かった。

「500（ヘリコプターの機種）だ。結構狭いぞ」

MD500というヒューズ社が開発した軽ヘリコプターだという。

トニーはそう言いながら、車を停めた。

ヘリポートの横にある小さな小屋から、フライトスーツを着た爽やかな操縦士が現れた。

「機中にフライトスーツ、ヘルメット、手袋があるから、自分の大きさに合うものを探してくれ。それから、中に着ている服がポリエステル製なら、綿のものに着替えてくれ」

こう言いながら操縦士は、私たちの荷物の重さを一つずつ量りはじめ、紙に記していった。

「なんとか一回でいけそうだ」

私は、羽織っていたポリエステル製のフリースを脱いで、緑色のフライトスーツを着た。なぜポリエステル製がダメなのか。引火するからだ。ひと度火が点けば、服が一瞬で溶け、皮膚に付着してしまう。火傷はもちろんのこと、皮膚呼吸ができなくなって生命にかかわる。墜落した時には火の玉になることも考えられる。

ふと見上げると、ヘリポートの横に吹流しと呼ばれる、鯉のぼりのような筒状の布が横になびいている。今日は風が強いのだろう。

「ちょっと風があるね」

私は操縦士に向かって言う。

「多少揺れるかもしれないけど、大丈夫だよ。ハハハ」

爽やかな顔に似合う、爽やかな笑顔が返ってきた。

前にも聞いたような安全説明が始まる。だがこれが細かい。

「どんなことがあっても、これ（機体の後ろを指しながら）より後ろには行かないように。ジェット燃料による『見えない炎』が噴射されているから、一瞬で黒焦げになる。それと、テールローター（ヘリの「尻尾」のような部分で回っているプロペラ）が回っているときは、気をつけて。回転が速すぎて何も見えないけど、近づいたら頭が吹っ飛ぶよ。ドアは脆いので、ここを摑んで乗り込むように。機内に入ったらシートベルトを締めて、ヘルメットにマイクのコードを挿す。吐き気がしたときには、ここに袋があるので遠慮しないで使ってくれ。掃除をするのは俺だからくれぐれも汚さないでくれよ。万が一墜落したときには、ここにエンジンを止めるレバーがあるので引いてくれ。そして、救命キットはここ、消火器はここに……」

説明が延々と続くが、一気に覚えられるはずもない。

「最後に、ヘリコプターを降りたら身を屈めて、斜面の下っている方に走るように。斜面の上がっている方に行くと、回転している翼でギロチンだよ。ハハハ」

とても、その素敵な笑顔から発せられるべきセリフではない。

## 搭乗中もっとも聞きたくない話

待ちくたびれた頃に、機内へ案内された。確かに狭い。座ると天井が迫っていて、大きなヘルメットをかぶった頭を動かす余裕もない。

操縦士はエンジンを掛け、メインローターの回転数を上げてゆく。しばらく回転させてエンジンを温める。さらに回転を上げると、ヘルメットの防音機能がほとんど効かないほどの爆音が内部にまで鳴り響く。すると、ふわりとヘリコプターが空へと浮かぶ。ゆっくりと前に傾けた機体は、少しずつスピードを上げて、前へと進んで行く。

高度100メートルほどまで一気に上昇。この頃には、私の気持ちは「どうにでもしてくれ状態」になっている。操縦士に命を預けるしかない。あの爽やかな笑顔に賭(か)けるしかない。

「道路の上は飛ばないっていうのがデナリ国立公園の決まりだから、少し外れたところを飛ぶよ。ヘリコプターが飛んでいるのを見た観光客から、自然体験を害されるって苦情がくるのさ」

楽しい時間はそう長くはなかった。吹流しが語っていたように、時折突風が吹くのだ。頻度は不規則で忘れた頃にやってくる。その度に、ヘリコプターは、左右上下と、ピンポン球のように跳ね飛ばされる。次の瞬間、ヘリコプターが一気に下降した。機体を立て直しながら、操縦士は陽気に叫んだ。

「ウオーウ！　やばかったね‼　あの風で俺たち死んでいたかも。俺が操縦士でラッキーだ！」

さすがの事態に、みんな無言だった。

「みんな、ヘリが落ちるとどうなるかわかるかい？　ヘリが落ちると……」

会話が怪しい方向へと流れてゆく。ここにはとても書けないようなグロテスクな説明が始まった。墜落した瞬間に何が起こるのか。墜落の数秒後に何が起こるのか。ヘリコプターから逃げ出したときに何が起こるのか。無事に生き延びたら、それからどうなるのか。とにかく、このパイロットは説明が細かい。しかも経験したことがあるかのようにきわめてリアルに表現する。

なぜいま、こんな話をするのか。操縦士の顔をみると、さっきと変わらず清々しい表情をしている。話題と表情のギャップがすごい。ヘリコプターに乗っていた40分の間、私たちはずっと無言だった。

なんとか無事にキャビンピークに着陸した。荷物を降ろし、ヘリが再び飛び立つのを見送ったメンバーの表情は晴れなかった。口をつぐんだまま荷物を運び、テントを張る。トニーは、水を汲みお湯を沸かしはじめた。出来上がったコーヒーをすすりながら彼は言った。

「最悪の調査の始まりだな……」

1週間に及ぶキャビンピークの調査は順調だった。斜面に無数に残された恐竜の足跡化石。それぞれの種類を同定し、大きさを計測する。データが集まるごとに、この恐竜の生活が見えてくる。だがその最終日になると、みんなの顔が暗い。また、あの操縦士に命を託さねばならないのか。そして、また延々と縁起の悪い話を聞かされるのか。

「でも、今回はタッチ・アンド・ゴーだから、飛行時間は短いよ。ここからビジターセンターまで長くてもせいぜい10分。そこからストニー・クリークまで、さらに10分。長くても合計20分だから」

そう言うとトニーは作り笑いをした。本気でそう思ってはいないのだろう。

ついに、パイロットとの再会の日がやってきた。またも天気が悪い。風はないが、少し霧がかかっていて、雲が低い。プーンという蚊の飛ぶ音に似た高い音が聞こえてきた。こんな霧の中で飛ぶのかと驚いていると、そのヘリコプターは思いもよらないところからやってきた。１００メートルの上空ではなく、山の向こうから10メートルくらいのスレスレを飛んで出現した。

「ヘイ、ガイズ！」

明るい声とともに降りてくる操縦士。相変わらず爽やかな笑顔だ。ただし、ヘリコプターに乗り込んだら最後、彼による「死の講演」が始まる。

(20分だけだ)

自分に言い聞かせてヘリコプターに乗り込む。キャビンピークからビジターセンターまでは、非常に早かった。話をさせる余裕もないくらいだ。ヘリコプターから降り、手早く食べ物を補充する。そして再び乗り込んだ。このままだと、話を聞かなくてすみそうだ。

「みんな準備はいいか。今からストニー・クリークに向かうよ。まず、目の前にそびえ立つ山を越えないといけない。いつもなら一っ飛びだけど、今日は雲が低いから、山を迂回(うかい)してゆくよ。30分くらいかかるかな。ハハハ」

「……」

一同は再び無言になる。地獄の30分だ。案の定、飛び立った瞬間から操縦士がこんなことを語り出す。

「この前の続きなんだけどさ……」

誰かから聞いたのであろう体験談を、これほどリアルに話せる話術には脱帽だが、聞いている私たちにとっては苦痛そのものである。

「雲がさらに低くなってきたぜ！　もっと低く飛ばないと！　まるでベトナム戦争みたいだろ！　ヒーハー！」

これは現実じゃない、夢なのだと自分に言い聞かせながら、私は目を閉じた。

## 現れた伝説の男

その1週間後、私たちは、帰りを楽しみにして――いなかった。またしても天気が悪い。デナリ国立公園本部に衛星電話で連絡しても、いつヘリコプターが飛ぶかわからないという。気温も下がっており、上空では雪が降っているらしい。またあの操縦士がくるのか。迎えにきて欲しいけれど、こんな悪天候のなか、彼とは一緒に飛びたくない。

一向に天気は良くならないが、これ以上時間が遅くなると、もう一晩ここにキャンプしなければならない。衛星電話で改めて本部に連絡し、電話を切ったトニーが言った。

「低気圧が来ているらしい。今日を逃すと、3日くらい悪い天気が続くそうだ。今日中に俺たちを連れて帰れるようにアレンジをしているから、いつでも出発できるように準備しておいてくれだとさ」

とにかく言われるままに、準備をする。スッキリしない、それでいて期待もしているという複雑な気持ちだ。荷物を詰め終えた私たちは、霧雨の降るなかヘリコプターを待つ。1時間ほどした頃だろうか、いつもの蚊のような音が耳に届いた。

「来たね」

どこからやってくるのか周りを見渡す。すると、薄い霧のむこうからヘリコプターが現れた。

「Aスターだ。帰りの飛行は楽だぞ！」

トニーは嬉しそうに言った。

これまで乗っていた500よりも大きい機種だ。フランスの会社が開発したもので、パワーもあるし、機内も広い。

Aスターは、爆音を立てながら着陸した。機内から出てきたのは、例の操縦士ではなく、初めて見るパイロットだった。フライトマネージャーと呼ばれる、操縦士に飛行の指示をする担当者もいる。公園の職員だ。つまり合計5人で帰るというわけか。

「元気か？　天気が悪い、とっととここを出よう。荷物を積んでくれ」

ドイツ訛りで操縦士は言った。

「じゃあみんな、安全説明を」

フライトマネージャーが口上を始めると、操縦士はそれを阻止するように大声をあげた。

「向こうへは行くな。足をかけるのはここ。乗ったらシートベルト。消火器、救急キットはここだ！　さあ乗ってくれ！　早く出ようぜ！」

一見怖そうな口調だったが、その言葉には大賛成だ。フライトマネージャーが言うには、彼は、この国立公園では伝説的な救助隊員で、つい先日もデナリ山で遭難していた登山者を助けるためにヘリコプターを飛ばしたらしい。救助した地点の最高高度の記録を何度も塗り替えているという。実に頼もしい。今日はたまたま本部にいて、私たちの「救助」に手をあげてくれたそうだ。

Aスターは、悪天候のなか快適な飛行をする。雪が降りつけても、全く動じない。ドイツ男は、ストニー・クリークから本部方面に向かってまっすぐに飛ばしてゆく。

「君、いま道路の上を飛んでいるぞ。観光客に見られてしまう。航路を変えるように！」

フライトマネージャーがいかにも公園職員らしい事務的な態度と声で操縦士に言った。

操縦士は微動だにせず、ドイツ訛りでぼつりと告げた。

「知ったことか」

さすが伝説の男。やることなすこと、かっこいい。

## 実に原始的な至福

アラスカのフィールド生活は、実に原始的である。

　朝起きたら、お湯を沸かし、コーヒーとオートミールを口にする。好きな人は毎日でもいいのかもしれないが、私はオートミールが苦手だ。ドロドロした感覚をできるだけ避けるために、お湯を多めに入れ、フリーズドライのイチゴやブルーベリーを大量に入れて食べる。温かくて甘いスープのようなものだ。

コーヒーを飲んだ後は、氷のように冷たい小川の水でざっと顔を洗い、準備ができたら出発だ。

　山の斜面をひたすら歩き、雨が降り出したらレインジャケットとレインコートを素早く着る。太陽が出てきたら、ジャケット類を脱ぎ、暑くなってきたら、Tシャツ一枚になる。風が出てきたらフリースを羽織る。温度や行動に合わせて、細かく体温調節をしながらフィールドを探索する。

　お昼には、ビーフジャーキー、チーズ、ナッツ、チョコレートを食べる。いつも同じメニュー。ビーフジャーキーでタンパク質を、チョコレートで糖分を補給する。天気のいいときは景色を見ながら最高のランチを食べられるが、アラスカ調査のほとんどは雨だ。

レインジャケットのフード越しに手に持っているビーフジャーキーに滴り落ちる雨をぼんやり見ながら、ランチを終える。食べ終わったら、またひたすら歩く。その頃には、晩ご飯を何にするかが話題になり、夕方を楽しみにしながら調査を終える。

夕方になったら、キャンプに戻り、ディナーの準備をする。準備と言っても、クマ防除食料コンテナの中に入っているフリーズドライフード一択である。持ってきたもののうち、どのタイミングで好きなフリーズドライフードを食べるか考え、さらに今日一日の運動量も考慮に入れ、慎重にディナーを選ぶ（私はGOOD TO-GOというメーカーのタイの焼きそば、パッタイが好きだ）。

フリーズドライフードのパッケージに、沸かしたお湯を注ぐ。出来上がるまでは15分ほど。このお湯の入ったパッケージは湯たんぽがわりになるので、それを膝の上においで温まる。

「今日のディナーは何？」

「それ昨日食べた。美味しいよね」

毎日決まり切った会話が繰り返される。

アラスカ調査でのエンターテインメントは、こうして食べ物の話をすることくらい。ここでは手に入らないできたてのイタリア料理、ギリシャ料理、和食、韓国料理……。食べ物の話が頻繁に出始めると、「そろそろ家に帰る時期だね」と笑いあう。

もちろん、食べ物以外の話もたくさんする。こういうゆったりとした時間の流れの中で研究仲間と時間を共有すると、他では生まれない団結力が生まれる。恐竜研究者の至福がここにもある。

# おわりに

２０１９年３月３日。東京銀座のＧＩＮＺＡ ＳＩＸで、長谷川善和(はせがわよしかず)先生の卒寿を祝うパーティーに参加した。長谷川先生は、横浜国立大学で長く教授を務められていた。その元弟子である恐竜研究第一人者の真鍋真(まこと)先生がパーティーを仕切った。

何を隠そう、私も１年だけ横浜国立大学に在籍していたのだ（その後ワイオミング大学へ）。長谷川先生はその時の指導教官だったのである。

長谷川先生は、日本の恐竜研究のパイオニアであり、多くの研究者を育てられた。90歳になった今も、発掘や研究を続けている。

化石に対する情熱は尽きることなく、パーティーの締めの挨拶(あいさつ)でも、アメリカで見た化石について延々と語られていた。文字通り、化石に取り憑(つ)かれている。これが、本当の研究者だと思った。

この本に登場した多くの研究者たちも、長谷川先生と同じように、名声やお金には一切興味を示さず、恐竜という最高の研究テーマに生涯をささげてきた人たちだ。トニー・フィオリロ、フィリップ・カリー、リンチェン・バルズボルド。彼らは、ひたすら恐竜や太古の生物の謎(なぞ)を解明しようと日夜、発掘と研究に努めている。

全員に共通するのは、自らが未熟であるということを常に認識していること、そして、他者の意見に耳を傾け真摯(しんし)に受け止めることができる姿勢を保っていることだ。私は、彼らの背中を追いかけ、研究者として恥ずかしくないようにひたすら走り続けている。

私のもとを巣立っていった次世代の研究者の活躍も始まっている。「兵庫県立人と自然の博物館」の久保田克博(かつひろ)、筑波大学の田中康平、岡山理科大学の千葉謙太郎などがその例だ。さらに頼もしいことに、現在も恐竜に取り憑かれた院生や学生が北海道大学に在籍し、力強く研究を進めている。日本の恐竜業界はしばらくは安泰ではなかろうか。

この本では、私の発掘の模様をお伝えした。それが多くの人に支えられていることも分かって頂けると嬉(うれ)しい。

私は運に恵まれていると思う。一番大事なときには、タイミングよく助けてくれる人が現れる。その中で、惜しくも亡(な)くなった二人を紹介したい。

一人は、この本にも出てきた、ル・ジュンチャンだ。彼は、私の研究の兄弟であり、親友であり、ライバルでもあった。いつも笑いを絶やさず、ジョークを好んだ。私とジュンチャン、そして韓国のイ・ユンナムは、同じルイス・ジェイコブスの弟子として、そしてアジアの恐竜研究発展のため手を取り合って研究をしていた。しかし残念にも昨年の秋、病のため突然亡くなってしまった。

もう一人は、私の甥(おい)だ。人に好かれる優しい青年だった。彼は、二十歳のある夜になんの予告もなくこの世を旅立っていった。その時、私は恐竜研究者の無力さを痛感した。しかし彼の旅立ちは、恐竜研究の意味を改めて考えさせてくれた。恐竜研究は無意味ではないこと、そして若者は無限の可能性を持っていることをも彼は教えてくれた。

二人にこの本を捧(ささ)げるとともに、改めて冥福(めいふく)を祈る。

「今後のテーマや夢、野望はなんですか?」

こんな質問を受けることがある。

質問への答えはない。

常に行き当たりばったりなのである。

本書を読んだ方は、偶然と実行のみが、発見につながっているのを理解してくれるだろう。

「こんなことを知りたい」という研究は頭のいい人に任せよう。私は、考えるよりも感じることのほうが好きだ。

恐竜発掘は、そのための最高の環境を与えてくれる。

砂漠を歩きながら、岩に語りかける。冷たい雨が降る中、険しい山を登り、恐竜も味わったであろう自然の厳しさを感じる。そして、自分の手で誰も見たことのない化石を発見し、数千万年の眠りから覚めた恐竜が語るメッセージに耳を傾ける。こんなに最高な職業が他にあるだろうか。

さて、来年はどこに調査へ行こうか。

研究仲間と共に期待と妄想を膨らませながら、酒でも飲みながら決めてみようかと思う。これだから、恐竜発掘はやめられない。

2019年6月

小林快次

# 文庫版あとがき

コバヤシ・ファミリー。そう呼んでいる若き研究者たちの集団がいる。「ファルコン・アイ」と呼ばれるようになり、私が研究者として認められはじめたのは、20年以上も前のことで、それ以来「Carpe Diem（今を楽しめ）」の精神で突き進んできた。本書に記したような道のりを歩んでゆく中で、恐竜研究者を目指す若者が北海道大学に入学し、小林研究室に続々と所属した。その後、彼らは世界に羽ばたき、立派な研究者に育っていった。図々しい呼称であることは承知しているが、彼らこそが私の自慢のコバヤシ・ファミリーなのである。

年に一度開催されるアメリカの古脊椎(こせきつい)動物学会（Society of Vertebrate Paleontology）には、世界中から学者や学生が集まり、脊椎動物化石の研究発表がなされる。私も毎年発表を行なっているが、そこでの最大の楽しみは、「ジェイコブス・ファミリー」との再会である。

ファミリーの長であり、私の研究上の父は、サザンメソジスト大学のルイス・ジェイコブスだ。叔父に当たるのが、現・サザンメソジスト大学シニアフェローのトニー・フィオリロである。さらに私にとって兄弟に当たる研究者に、現在韓国ソウル大学に所属するイ・ユンナム教授がいる。そして、残念にも亡くなってしまったが、中国地質科学院のル・ジュンチャン教授もれっきとした兄弟だ。

さらには、英国ケンブリッジ大学のジェイソン・ヘッド教授（巨大ヘビ化石チタノボアの研究で有名）、アフリカ・マラウイの政府遺跡部門の部門長であるエリザベス・ゴマニ（マラウィサウルスやマラウィスクスなどの研究で知られる）たちと会えるのも毎年楽しみにしている。

ファミリーの中では、私は年齢も一番若く、いわば末っ子に当たる。末っ子はわがままで甘えん坊だと一般に言われるが、私は末弟としてこのジェイコブス・ファミリーの中で自由を与えられて育った。

そして現在、私にはコバヤシ・ファミリーがある。かつてのルイス・ジェイコブスに当たる立場にいる私は、今や北の大地に研究室を持っており、そこには全国から若者が集まってくる。果たして、私がルイスのような寛大な父であるかというとちょっと自信はないが、小林研究室を巣立っていったメンバーたちと、その後も楽しい時間を過ごせているとは思う。

古脊椎動物学会の期間中、コバヤシ・ファミリーで、アメリカのレストランの大きなテーブルを囲み、夕食を摂ることがある。まさに至福の時間である。私は、テーブルのいわゆる誕生席に座り、チルドレンを見渡す。手のひらを頬に近づけ、指先だけで頬を掻いてみる。そう、『ゴッドファーザー』のようにだ。頭の中には、ニーノ・ロータのテーマ曲が流れ、アゴ先を前に突き出すと、髭もないのにそのあたりを撫で、少し掠れた声で語りかける。ファミリーの面々は私とも話すが、それぞれが研究の話に華を咲かせ、地元の美味しい料理とお酒を存分に楽しんでいる。

こんなに多くのチルドレンが活躍し、新しい研究成果が日々生まれていることを目の当たりにできるのは、研究者冥利に尽きる。彼らの兄貴分にあたる筑波大学の田中康平助教や岡山理科大学の千葉謙太郎講師もにこやかに会話を楽しんでいる。あまりの盛り上がりぶりに、「小林先生の時代はもう終わり」と告げられているような気がすることもある。

その瞬間、一気に酔いが覚める。手のひらを頬から離し、髭をなぞる仕草をやめ、喉を鳴らすと、心の中でこう叫ぶのだ。

「ふざけんじゃない！　小林の時代は終わりだと？　まだまだ俺の研究は始まったば

かりだ。息子や娘たちに負けてたまるか‼」

チルドレンの一人が「恐竜学者は止まらない！」と高らかに謳うのであれば、それに対抗して『ダイナソー小林は止まらない！』という本を出してやろうかと思うくらいだ。先まわりして言っておくが、これが完全にオヤジ的発想だということはわかっている。年齢を重ねて頭や体が鈍っていることを認めない「若いもんに負けてたまるか精神」である。

２０１９年の年末から発生した新型コロナウイルスは世界中に感染が広がった。翌年の夏もいつものようにアラスカとモンゴルの恐竜化石調査の予定が入っていたが、海外調査自体を断念せざるを得なかった。発見されるのを待っている恐竜化石たち。彼らを〝救出〟できないのは本当に残念だ。

21年、そんな気持ちをトニーにメールで伝えると意外な答えが返ってきた。

「今年はアラスカの調査を決行するよ。準備を整えているところだ。ヨシは参加できるか？」

答えは決まっている。

「オフコース」

ただ、この返事には曇りがあった。感染拡大への不安である。自分が感染してしまうのではないかという不安ではなく、己が感染源になってしまうのではないかということへの怖れだった。調査はそのような危険を冒してまですべきことなのか。あと一年待てないものなのか。自問自答した。

トニーはさらにこう続けた。

「新型コロナの影響で予算が大幅に削減されている。それに、国立公園管理局も調査許可に対して慎重になっている。今年がアラスカ調査、最後の年になるかもしれない。だからヨシ、調査に参加してくれないか」

「行くよ」

私はそう答えた。

19年の夏、アニアクチャック国定天然記念物・自然保護区での調査を終えた私たちは、もう一年調査を行えば、白亜紀末北極圏の恐竜の生態を明らかにできると考えていた。しかし、新型コロナの影響で中止になってしまった。

トニーの要請を受け、早急に渡航のために必要な手続き、アラスカの感染対策などを調べた。出国前のＰＣＲ検査、出国時のＰＣＲ検査結果書類の提示、アメリカ入国における隔離条件、入国直後のワクチン接種。そもそもアラスカ州に入れるか否かの確認から必要だった。

ウェブで調べてみると、アメリカ合衆国では、州によって受け入れの方針が異なり、その方針も日々変わっているようだった。カリフォルニア州サンフランシスコを経由して、アラスカ州のアンカレッジに入る飛行機に乗ることになっていたため、両州の方針を把握しておかなければならない。

出発の日が近づくにつれ、心にわだかまっていた雲が晴れていった。アラスカ州の感染者数は非常に少ないため、州に入る者を制限することはなく、むしろ歓迎するという知らせが入った。その証拠に、空港を利用するすべての人にワクチン接種を提供するという。北海道大学ではまだ集団接種は始まっておらず、私はワクチンを一度も打っていなかった。アンカレッジの空港でそれが打てるという。しかも、ＰＣＲ検査については空港や町中の薬局で、無料で何度でも受けることができるというのだ。

「6月27日の夜中の飛行機でアンカレッジに着く予定」

私はトニーにメールを送った。

２０２１年6月27日午後11時過ぎ、私はアンカレッジのテッド・スティーブンス国際空港に降り立った。07年からほぼ毎年調査を行っているが、今回ほど緊張した旅は初めてだった。

（ふー。どうにかこうにか、アラスカに着いたぞ）

大きなダッフルバッグを二つ、カートに載せる。あまりの重さにカートのタイヤの一つがパンクしたかのように潰(つぶ)れている。重量のせいでうまく曲がらないカートを力ずくで操縦し、空港の外に出た。すると、満面の笑みでトニーが待っていてくれていた。私たちは言葉を交わさず、いつもより強めのハグをした。

「喉が渇いただろ。ホテルに冷えたビールがあるよ」

車の座席につくと、トニーはそう言ってサイドブレーキを外し、アクセルを踏んだ。念願のアラスカ調査の再開だった。

アンカレッジで準備を完了した私たちは、いつものように南西500キロほど先にある小さな町キングサーモンに移動していた。キングサーモンの滞在は一晩を予定しており、できるだけ早く調査地のアニアクチャック国定天然記念物・自然保護区に入るつもりだった。

「もう1日、キングサーモンを出発できなかったら、新記録だ！」

無邪気に国立公園管理局のスタッフが叫ぶ。7月1日にキングサーモンに入った私たちは、国立公園が管理するアパートに滞在していた。今回の調査メンバーは、トニーとアラスカ大学のポール・マッカーシー、国立公園局から1人と、フリーランスのジャーナリストが1人、そして私のあわせて5人だった。そして今日は、キングサーモンに到着してから7日後の7月8日なのだった。

アニアクチャック国定天然記念物・自然保護区は、全米の国立公園の中で最もアクセスしづらいことと天候の不安定さで有名である。今回も天気の巡り合わせが悪く、出発の延期が続いていた。これまでの記録は7日遅れだったらしく、残念ながら私たちチームはその記録に並んだのだ。

果たして調査そのものが実現するのかさえも怪しくなり、「仮にアニアクチャックに到達できたとしても、調査期間が短いために十分なデータが取れないのではないか」という不安に襲われた。毎日アパートの窓から空を見上げ、グレーに染まった空と睨(にら)めっこをする。延期が決まった日から、私はある作業を始めていた。これまでアニアクチャックの調査で得た情報をもう一度見直すというものだ。恐竜の足跡化石のデータはもちろん、それぞれの地層のデータを再編集した。調査に行ける日が来た時にロケットスタートを切れるよう、マジメに準備をしていたのである。

そんな中、モンゴルで使っていたアプリのことを思い出した。「Soviet Military

Maps」という怪しい名前のアプリだ。ある年のモンゴル調査で、モンゴル人たちが自分のスマホを手に持って恐竜化石を探しているのを目にした。画面を覗き込むと、綺麗な衛星画像に自分が立っている場所や歩いてきた軌跡の記録が表示されている。

ＧＰＳユニットという機械を使って緯度経度のデータを得るのが、恐竜研究者の常である。私はガーミン社製のそれを愛用している。バッグから取り出し、電源を入れる。たちまちGPS衛星を探し出し、十分な数の衛星から受信が可能になると、緯度経度を示してくれる。小さな画面にシンプルな地図が表記され、それを見ながら調査地に向かったりもする。

モンゴル人の手に握られたスマホにはそのような画像が綺麗に映し出されている。しかも位置情報も表示されている。10万円近く払ってＧＰＳユニットを購入しなくても、携帯にアプリをダウンロードするだけでいい。しかもタダだという。ソビエトと聞くだけで怪しいと思ってしまう世代の私。加えて、ミリタリーときたもんだ。怪しさの極みである。そのため、私はタブレットにこのアプリをダウンロードしてみたものの、使うことは遠慮していたし、得られる情報の正確性に疑問を持っていた。２０１９年秋、筑波大学の田中康平助教と一緒にウズベキスタンに調査に行った時に試してみたが、それ以来使っていなかった。

（時間もあるから、あのアプリでも試してみるか）

タブレットを取り出し、スイッチを入れ、ソビエトミリタリーマップスを立ち上げてみる。「現在地探索」を選択すると、アラスカ州に赤い点が現れた。人差し指と親指を使ってズームしていく。アラスカ半島が現れ、ナクネック川、そして小さなキングサーモンの町が見えた。やがてアパートが現れる。驚いたのはその赤点の場所だった。寸分違わず、私がいる建物の南東角ピッタリにその赤点がある。

「役に立つじゃないか」と思った私は、これまでの緯度経度データをアプリに打ち込んでいった。その上で、一つ一つのデータを写真とリンクさせてゆく。見慣れた海岸の地図の上に恐竜足跡化石の印が増えていく。２０１９年の調査から導き出された化石の分布をGoogle Mapを使って表にし、それをプリントアウトして持ってきていたのだが、手元の小さなタブレットにすべてのデータを保存し直したところ、いつでもどこでもデータが引き出せるようになった。しかもＧＰＳユニットよりも起動が早い。

（便利な道具ができたもんだ）

この時の私は、このタブレットが21年調査の鍵になるとは思ってもいなかった。

「天気が持ちそう。とりあえず、飛行機一機は出発できそうだ」

翌日、国立公園局から連絡を受けた私たちはナクネック川の離水デッキに荷物を運んでいった。5人が移動するには飛行機が2機必要なのだが、使えるのは1機だけ。2往復する時間は残されていない。そこで、先発隊としてトニーと私、そして国立公園局スタッフの3人が出発、残りの2人は次の日のフライトということになった。

「ポール、明日出発ってことは9日間遅れだから、新記録達成だね！　おめでとう‼」

そう言って、水上飛行機ビーバーに乗り込む。

次の日、ポールとジャーナリストもアニアクチャックに到着し、私たちと無事合流した。6日間しか残されていない。スケジュールの半分以下だ。こんな短い時間で何ができるのだろうというムードに包まれる中、初日がスタートした。

「とりあえず、調査対象になっている海岸をざっと見てみよう」

滞在しているキャビンを出発し、東西に500メートルほど延びる砂浜を歩いていく。朝の散歩を終えたのだろうか、グリズリーの足跡が続いている。鋭い爪(つめ)が刻まれた、私の足よりも大きな足跡だ。アニアクチャックに戻ってきたと実感する瞬間である。

砂浜を渡り切った私たちは、恐竜の足跡化石が見つかる岩海岸にたどり着く。これまでこの海岸を何度往復したことだろう。それぞれの岩に見覚えがあり、馴染み(なじ)の足跡がそこここに顔を出す。その度に「まだ、ここにいたんだ」と小さな声が出る。実家に帰った時に近所のおじさんやおばさんの顔を見るような感覚なのだ。

「この足跡の緯度経度が記録されているか、確認するね」

私はタブレットを胸ポケットから自慢げに取り出した。「これは記録済み」「これも記録済み」と一つ一つ確認してゆく。やがて私は立ち止まり、タブレットを手に首をひねりはじめた。

「ヨシ、どうした？」

様子がおかしいと気づいたトニーが近づいてきた。

「この足跡化石、間違いなく何度も見ているんだけど、記録にない。そんなわけないんだけど。この足跡だけでなく、あれもこれも……それにこっちも」

「そんなはずない」

バックパックを下ろし、フィールドノートを広げた。何度確認しても記録がない。

「トニー、大変だ。この3つの足跡化石どころか、この波打ち際(ぎわ)から向こうのすべてが空白になっている。つまり、我々が記録したと思い込んでいただけで、記録されていない場所がたくさんあるってことだよ」

これまで、足跡化石が発見されるたびに以下の作業を行ってきた。重いバックパックを下ろし、防水のためにドライサックに入れているGPSユニットやカメラ、フィールドノートを取り出す。計測用のメジャー、型取りのためのシリコンなども用意する。足元の足跡化石の位置を記録するためにGPSユニットの電源を入れる。衛星を捕まえるまでに5分程度待ち、緯度経度データを取得する。

GPSユニットにはそのデータを入れており、それが地図上にプロットされているのだが、現在地は誤差により常に動いており、目の前にしている足跡化石がGPSユニットが示すものなのかの確認は難しい。カメラ機能がついているものの、その画像は画面の小ささからよく見えない。

そんなこともあり、情報の確認が曖昧になってしまったのだろう。アプリを入れたこのタブレットを使えば、それらの情報取得が瞬時に可能となり、記録の有無を容易に判定できるのだ。

「オーマイゴッド！　たくさん見落としがあったってことか。記録が増えるのは嬉しいけど、複雑な気持ちだな……」

記録方法が大きく改善されたことによって、私たちは新しい足跡化石の位置を次々とゲットしていった。

アニアクチャックから最初に足跡化石が発見されたのは、2001年のことだ。翌年、2個の足跡が発見された。私たちが本格的に調査に入ったのが、16年。この年だけで31個の足跡を発見した。17年は24個。18年は13個。19年に2個と、やがて発見数は減っていった。これ以上新しく発見される足跡はないだろう。少なくとも劇的に数を増すことはないと考えた。そのため、私たちは年ごとにこの地での調査テーマを変えていった。

最初の2年間は「とにかくたくさんの恐竜足跡化石を見つけるぞ」というのがテーマだった。その言葉にたがわず、次から次へと見つけていった。01年とその翌年に調査に来ていたトニーによると、当時もそれなりに目を光らせて探したのだという。ただ、ここまで見つかるとは思っていなかったそうだ。合わせて55個の足跡化石。あちこちに転がっている足跡化石に驚かされた2年間だった。

18年は、「環境の変化によって恐竜たちがどのように生活を変えていったのか」というところに照準を当てた。そのため、地層を細かく記録して当時の堆積(たいせき)環境を語ってくれるデータを収集したり、それぞれの地層から発見される植物化石や貝化石の採集を優先したりした。

地層を細かく見てゆくと、その砂や泥の細かさ（粒度）や残された構造から、当時の環境（堆積環境）がわかってくる。簡単にいうと、粒が大きければ水の流れは速く、細かければ遅い。流れの速い河原に行くと礫や砂が地面にたくさん落ちている。流れがほとんどない沼地に行くと泥が広がっているということから、類推できるだろう。流れ水の流れによって礫や砂が構造を作り出す。その最も代表的な例が漣痕である。砂浜のビーチに行ったら、海底を覗いてみてほしい。表面が波打っているのを目にすることができる。地層のこのような構造を観察すれば、水流の速さや、海・川・沼地といった当時の環境が見えてくる。

　無脊椎動物の化石もその時の環境を物語ってくれる。例えば、牡蠣の殻は海水と淡水が混ざった汽水域であった証明になるし、ザリガニの巣の痕が見つかれば、それほど寒くはない気候だったということがわかる。

　さらに私たちは葉っぱの化石を探索し、その種類や形、虫食い具合などを片っ端から記録していった。葉っぱの形、特に葉っぱの縁がギザギザになっているのかスムーズな曲線になっているのかについてのデータから、気候を探ることができる。葉や幹の化石からサンプルをとり、同位体分析をすることによって当時の降水量を推測することも可能だ。恐竜を深く知るためには恐竜化石に触れているだけではダメなのだ。

18年からの2年間は、地層と恐竜足跡化石の情報を重ね合わせ、そのパターンや意味を探っていった。その結果、たまに海水が入ってくるような河口近くの穏やかな環境から、時間を経るに従い、流れの速い内陸の河川に変わっていったことがわかってきた。変化にあわせて、恐竜の種類や大きさが変わってゆく。つまり、恐竜によって好んだ環境があり、さらに同じ恐竜が成長することで生活する場所を変えていったということがはっきりしてきた。

この調査地の地層は20度ほど傾いている。本来、砂や泥といった堆積物は水平なところで積もっていく。それが、ミルフィーユのように次々と積み重なり、石となり地層となるのだ。しかし、造山運動や地殻変動によって地層が傾くことがあり、アニアクチャックでは、海岸線にドミノのように重なった地層が露出している。本文にも記したが、南に行けば古い地層、北に足を向ければ新しい地層となる。海岸を歩くだけで好きな時代に移動できる、胸躍る調査地なのだ。北極圏に恐竜時代の地層がここまで連続して露出している場所はなく、自らの足で好きな時間へタイムトラベルできる唯一無二（ゆいいつむに）のフィールドということになる。この場所から恐竜足跡化石が出るというのだから、興奮するなと言われても無理な話だ。

2021年、遅れて調査に入った私たちは、タブレットとソビエトミリタリーマップスという新しい「おもちゃ」を手に入れたことによって、探し切ったと思い込んでいたところから、短期間にもかかわらず、足跡化石を面白いくらいに発見していった。その数、なんと34個。一番多く見つけた16年の記録を越えてしまったのだ。最初の発見から合わせると100を超える足跡化石を発見したことになる。しかも、それぞれがどこにあるかははっきりとタブレットの画面に映し出されている。

恐竜以外の化石や地層情報も漏らさずタブレットに入力してゆく。これまで、なんとなく把握していたつもりだった気候や環境の変化と、恐竜の種類や大きさの変化がビジュアル化されたことで、チームの理解は一気に深まった。手のひらに収まるタブレットが革命を起こしたかと思うと、テクノロジーの進歩には感心せざるを得ない。天候が悪く、アパートで長期間待機しなければいけなかったのが、この年の成功に結びついた。失敗は成功の母などと言うが、何が功を奏するかはわからないものだ。

細かい成果は論文が出版されるまでお伝えすることはできないが、最新の調査によって、「北極圏の恐竜の生活と気候による変化」という研究を進めることができた。

たとえば、大きな体をした植物食恐竜の環境の好みは、種類によって異なっていたことがわかってきた。北極圏のハドロサウルス科と角竜（つのりゅう）を比べてみると、ハドロサウルス科はより雨の多い湿潤な気候を好み、角竜は降水量が少ないところに棲んでいた。さらに、ハドロサウルス科だけでみてみると、カムイサウルスのようなハドロサウルス亜科は海岸線を好み、ランベオサウルスのようなランベオサウルス亜科は、内陸の環境を好んでいたようだ。

２０１６年から始まった調査で、恐竜が北極圏という厳しい環境に見事に順応し、生存していたどころか幸せに生活できていたという紛れもない証拠が手に入った。しかしながら、「恐竜は極地においてどのようにして越冬したのか」という巨大な謎は残されたままである。

研究とは面白いもので、知れば知るほど、分かれば分かるほど、謎が増えていく。「底なし沼」にたとえると不安感を与えてしまうだろうが、研究の底なし沼は私にとって最高に心地がいい。

本書の読者には、恐竜研究者を目指す若者がきっといることだろう。一緒にこの底なし沼感覚を味わってみないか？　悪魔の囁きのように聞こえるかもしれないが、この生活、そんなに悪くない。つい先日、「小林先生がこれから見つけたい恐竜はなんですか？」という質問を小学生から受けた。私は「世界中に埋もれている恐竜化石全部！」と即答した。世界には恐竜化石がまだまだ埋もれている。君にコバヤシ・ファミリーの一員となってもらい、地中で発見されるのを待っている恐竜たちの救出に参加してもらいたいのだ。「恐竜研究は、止まらない！」のである。

最後に、研究者を目指しているわけではないが、私の話に興味を持ち、この本を開いてくださった皆さん。ここまで読んでくださり、ありがとう。近年は、コンピュータを駆使した画面上の研究が可能になっている。そのため、多くの若い恐竜研究者は発掘地に足を運ぶことがなく、「フィールド屋」はいよいよ絶滅危惧種に近くなってきた。私自身は、フィールド主義者として、研究生涯を終えることだろう。勢ぞろいしたファミリーを見渡して満足するようなゴッドファーザー気取りをやめ、「ファルコン・アイ」「ダイナソー小林」として、年上や年下の仲間たちと共に、泥まみれ、「恐竜まみれ」で生きてゆくので、これからもどうか暖かく見守ってほしい。

本書校了直前の5月10日、私の属する共同研究グループが、２０００年に北海道中川町で発見され、解析を続けていた化石について、８３００万年前、すなわち白亜紀後期に棲息していたテリジノサウルス類の仲間の新種と認定されたことを発表した。

私はこの恐竜を、「パラリテリジノサウルス・ジャポニクス」と命名した。日本の海岸に棲むテリジノサウルスという意味である。「パラリ」と呼んで親しんでほしい。日本の恐竜研究はこれから、さらに面白くなる！

小林快次

2022年5月

**写真提供**

植田和貴　口絵４頁下

Anthony R. Fiorillo　p.26

むかわ町穂別博物館　p.197

AP／アフロ　p.223

Philip J. Currie　p.239

ほか著者提供

*

本文イラスト　田中 藍

*

図版製作　ブリュッケ

# 解説

郡司芽久

2020年3月14日。観測史上最も早く東京で桜の開花宣言がされたその日、東京には季節外れの雪がちらついていた。冷たい風に凍えながら、私は、東京郊外のひとけのない雑木林の中でオカピの遺体と向き合っていた。よこはま動物園ズーラシアで飼育されていた、ピッピという個体だ。アジアではじめて生まれたオカピとして、多くの方々に愛された子である。研究や教育活動に活かしてほしいと、死後、献体していただいたのだ。

ブルーシートを張って作った簡易的な作業テントのすぐ隣には、幅1・5m、奥行き2m、深さ2m弱の巨大な穴が掘られている。オカピを埋葬するためのものだ。ただし、この穴がピッピのお墓というわけではない。一度埋葬したあと、1~2年経ったら掘り起こし、骨を取り出してきれいに洗浄し、骨格標本として博物館に迎え入れる。そしてピッピは、博物館で〝第二の生涯〟を歩みはじめる予定だ。

解剖を終えた部位から、穴の中に丁寧に並べていく。手首や足首など、数センチの小さな骨がいくつも組み合わさった部位は、土の中で骨が行方不明になってしまわないよう、「たまねぎネット」で包んでから穴の中へ入れる。私が特に興味を持っている「首」は、研究所に運んでさらに解剖を進める必要があるため、埋葬せず、ビニール袋で厳重にくるみ、トラックへと載せる。それ以外の部位を全て穴の中に並べたら、穴の場所をしっかりと記録して、重機を使って土を被せていく。

巨大な身体をもつ大型動物の骨格標本を作成する時は、このような埋葬式の方法をとることがある。土の中にいる様々な微生物に筋肉や靱帯などを分解してもらうのだ。骨格標本を作成する方法はいくつもあるが、埋葬式は最も自然に任せたやりかたと言えよう。

埋葬式の標本作成は、実は意外と難しく、かつ大変だ。埋めた場所が浅すぎると、野生動物に掘り起こされて骨を〝盗掘〟されてしまう危険があるし、かと言って深すぎると土中に生息する微生物の数が少ないため、十分に分解が進まない。酸性の土壌に埋めてしまうと骨が溶けてなくなってしまうので、埋めるのに適した場所を選ぶことも重要だ。なにより、〝発掘〟はとにかく体力を使う。自分で埋めたものなのに、記憶していた場所から出てこない、なんてこともたまにある。それでも懸命に発掘作業に取り組めるのは、そこに確実に「標本がある」ことがわかっているからだ。骨格標本として再会する日を楽しみにしながら埋葬を終え、心の中でピッピに「またね」と声をかけてから、雑木林を後にした。

本書『恐竜まみれ』は、アメリカ、モンゴル、カナダ、そして日本の北海道を舞台にした、恐竜化石発掘の物語である。ひとつの発見から恐竜の種類や生態を紐解いていく良質な科学書であるとともに、胸を高ならせる冒険の物語でもある。

同じ「発掘」でも、前述した「骨格標本の発掘」と「恐竜化石の発掘」ではあらゆる条件が異なる。恐竜化石の発掘の場合は、柔らかい土ではなく硬い岩を掘らなくてはならないし、なによりはじめから「ここに確実に標本がある」と分かっているわけではない。言うまでもなく、恐竜化石の発掘の方がはるかに大変だ。

広大な調査地のどこかに貴重な化石が眠っているかもしれないし、もはや発見し尽くされ存在しないかもしれない。それでも、筆者の小林快次博士は「必ずここに恐竜化石はある」と信じて、ただひたすら歩き続ける。グリズリーが徘徊するアラスカの海辺でも、朝9時半には40度を超える灼熱のゴビ砂漠でも、だ。

しかも、筆者の歩む道は、舗装された道路ではない。GPSユニットがないと迷子になってしまうような場所で、同業者ですら選ばないような険しいルートを進む。他の人が歩くようなところには、まだ誰にも見つかっていない「お宝（新しい化石）」が眠っている可能性は低いからだ。他者が歩いた形跡のない歩きづらい場所を歩き、どんなに疲れていようとも行きと帰りでは違う道を選ぶ。筆者は、それこそがお宝を見つける一番のコツだと言う。その説明の通り、本書の中には、道無き道を歩み、いくつもの危険を乗り越え、素晴らしい恐竜化石を発見するエピソードが次々と並ぶ。

「数々の困難の果てに化石を発見！」というと、そこが本書のクライマックスなのだろうと思ってしまうかもしれないが、本書の山場はまだまだ先だ。恐竜化石の発掘現場では、発見はあくまでスタートでしかないらしい。見つかってからも、次々と新たな難題が押し寄せてくるのだ。

まず、巨大な恐竜の化石の場合、削岩機や十分な人手がないと、岩の中から化石を掘り出すのもままならない。十分な装備がなければ、装備をもって再度調査に来なければならない。海外調査の場合は、予定の出張期間が終わってしまったら「発掘はまた次の機会に……」と帰国することになる。国内であっても、冬場に雪が積もってしまったら、雪解けの季節まで発掘はできない。化石というものは、最初に見つかってから完全に掘り起こされるまでに、時には何年もの時間がかかるらしい。

そういう時は、見つかった化石をもう一度土で埋めなおし、次の調査まで地中に隠しておくそうだ。他の誰かに盗まれたり、風や雨で風化したりしないようにするためだ。本書の中にも、せっかく見つかった大切な化石を埋めなおし、「また来年」とお別れをいうシーンが何度か登場する。まるでピッピを埋葬した時の私みたいだなと、親近感さえ覚えてしまう。解剖を終えたあとのしばしの別れと、まだ見ぬ化石たちとのしばしの別れでは、名残惜しさは随分違うかもしれないけれど、大切な存在との一時的な別れという意味ではよく似ているのではないだろうかと想像する。

化石が入った岩の塊をうまく削り出せたら、次はそれを研究施設まで運ぶ必要がある。これもまた大変だ。なにせ、恐竜の大きさによっては、岩の重さは数トンにも及ぶのだ。

「岩の表面に露出した化石が輸送中に壊れないように、周囲を石膏で固める」という工程ひとつとっても、岩が大きくなればなるほど難しくなる。表を石膏で固めたあと、「どうやって裏返して、裏を保護すればいいんだ?」と頭をかかえるシーンでは、私も一緒に頭をかかえてしまった。現地のスタッフの知恵を借りながら、足場の悪い岩場から化石を掘り出し、トラックで牽引し、ついに引きずり出すことができた時には、関係者たちに拍手喝采したくなってしまった。

本書の中には、華々しい成果につながったいくつかの発掘調査の記録が記されているが、おそらく実際には、過酷な道を選んだ結果、徒労に終わることも多いのだろう。いや、ほとんど何も得られずに終わってしまうケースの方がはるかに多いのではないだろうか。筆者が何度も「実際の発掘調査は極めて地味だ」と書いているのは、「ただ歩き回っただけで、何も見つからずに終わった」という日々のことを指しているのだろうと思う。

しかし、もしも筆者が、「頑張っても見つからないかもしれないし……」と、多くの人が選ぶ〝歩きやすい道〟を選んでいたら、本書に書かれた恐竜化石たちは未だ土の中で眠ったままだったに違いない。

昨今、極端に無駄を嫌い、なるべく避けようとする風潮があるように感じる。有限な時間の中で、「無駄かもしれないこと」や「役に立たないかもしれないこと」はやりたくない、という人は増えてきているように思う。しかし、はじめる前から無駄かどうかを判断することはとても難しい。行く前から「あそこには恐竜化石はないかもしれない」と思ったら、これまでの常識をくつがえすような化石を見つけることは永遠にできないだろう。

人が歩かない険しい道を歩き、その先に見つけた数々の発見は、恐竜博士を夢見る子供たちだけでなく、人生の岐路に立つ大人たちの胸にも響くに違いない。無駄になるかもしれないことに挑戦するのは、決して無意味ではないのだ。中学生時代の著者が、恩師からかけられた「(石を) 割れば割るほど、(化石が) 見つかる可能性は上がりますよ」という言葉は、きっと何をするにしても大事な考え方だろう。

もうひとつ大切なのは、筆者が「誰も歩いていない場所」をやみくもに歩いているわけではない、という点だ。ひとつながりになった全身化石を求め、「恐竜が生息していた時代に川だった場所で、しかも流れが遅く、死体が流されにくそうな場所」という全身化石ができやすい条件を推察し、それに合致した地層を探し求めていく。しっかりと考えを巡らせた上で、まず歩いてみる。まず割ってみる。そこに「ある」と信じる。眩(まばゆ)いほどの発見は、そうした思考とチャレンジの先に眠っているのだろう。

作中、著者が「恐竜研究は、どのような形で世のため人のためになるのか。そもそも人のためになっているのか」と自問する場面がある。実利からほど遠い基礎研究に従事する者ならば、誰しも向き合わざるをえない問いである。

恐竜研究がどのように人の役に立つのか、私には想像もつかない。けれども、恐竜研究が無価値ではないことだけははっきりと言える。「役に立つ」と「価値がある」は必ずしもイコールではないのだ。「あまり役には立たないが価値のあるもの」は、この世に星の数ほど存在している。

この本を手に取り、ワクワクしながら、手に汗を握りながら、目を輝かせながらページをめくる方々の存在こそが、「恐竜研究の価値」を証明していると、私は思う。

（二〇二一年四月、東洋大学・解剖学者）

この作品は二〇一九年六月新潮社から刊行された。
文庫化にあたり加筆修正を行なった。

NHKスペシャル取材班著 超常現象 ―科学者たちの挑戦―

幽霊、生まれ変わり、幽体離脱、ユリ・ゲラー……。人類はどこまで超常現象の正体に迫れるか。最先端の科学で徹底的に検証する。

岡本太郎著 美の世界旅行

幻の名著、初の文庫化!! インド、スペイン、メキシコ、韓国……。各国の建築と美術を独自の視点で語り尽くす。太郎全開の全記録。

太田和彦著 ひとり飲む、京都

鱧(はも)、きずし、おばんざい。この町には旬の肴と味わい深い店がある。夏と冬一週間ずつの京都暮らし。居酒屋の達人による美酒滞在記。

久保田修著 ひと目で見分ける287種 野鳥ポケット図鑑

この本を持って野鳥観察に行きませんか。精密なイラスト、鳴き声の分類、生息地域を記した分布図。実用性を重視した画期的な一冊。

久保田修著 ひと目で見分ける580種 散歩で出会う花ポケット図鑑

日々の散歩のお供に。イラストと写真を贅沢に使い、約500種の身近な花をわかりやすく紹介します。心に潤いを与える一冊です。

隈研吾著 建築家、走る

世界中から依頼が殺到する建築家は、悩みながらも疾走する――時代に挑戦し続ける著者が語り尽くしたユニークな自伝的建築論。

清水潔著
桶川ストーカー殺人事件
遺言

「詩織は小松と警察に殺されたんです……」悲痛な叫びに答え、ひとりの週刊誌記者が真相を暴いた。事件ノンフィクションの金字塔。

千松信也著
ぼくは猟師になった

山をまわり、シカ、イノシシの気配を探る。ワナにかける。捌いて、食う。33歳のワナ猟師が京都の山から見つめた生と自然の記録。

髙橋秀実著
「弱くても勝てます」
―開成高校野球部のセオリー―
ミズノスポーツライター賞優秀賞受賞

独創的な監督と下手でも生真面目に野球に取り組む、超進学校の選手たち。思わず爆笑、読んで納得の傑作ノンフィクション！

出口治明著
「働き方」の教科書
―人生と仕事とお金の基本―

今いる場所で懸命に試行錯誤する。でも仕事が人生のすべてじゃない。仕事と人生を楽しむ達人が若者に語る、大切ないくつかのこと。

中島岳志著
「リベラル保守」宣言

ナショナリズム、原発、貧困……。俗流保守にも教条的左翼にも馴染めないあなたへ。「リベラル保守」こそが共生の新たな鍵だ。

西村淳著
面白南極料理人

第38次越冬隊として8人の仲間と暮した抱腹絶倒の毎日を、詳細に、いい加減に報告する南極日記。日本でも役立つ南極料理レシピ付。

二宮敦人著

**最後の秘境　東京藝大**
—天才たちのカオスな日常—

東京藝術大学——入試倍率は東大の約三倍、けれど卒業後は行方不明者多数？　謎に包まれた東京藝大の日常に迫る抱腹絶倒の探訪記。

福岡伸一著

**ナチュラリスト**
—生命を愛でる人—

常に変化を続け、一見無秩序に見える自然。その本質を丹念に探究し、先達たちを訪ね歩き、根源へとやさしく導く生物学講義録！

ブレイディみかこ著

**ぼくはイエローでホワイトで、ちょっとブルー**
Yahoo!ニュース｜本屋大賞
ノンフィクション本大賞受賞

現代社会の縮図のようなぼくのスクールライフは、毎日が事件の連続。笑って、考えて、最後はホロリ。社会現象となった大ヒット作。

松本　修著

**全国アホ・バカ分布考**
—はるかなる言葉の旅路—

アホとバカの境界は？　素朴な疑問に端を発し、全国市町村への取材、古辞書類の渉猟を経て方言地図完成までを描くドキュメント。

増村征夫著

**ひと目で見分ける250種 高山植物ポケット図鑑**

この花はチングルマ？　チョウノスケソウ？　見分けるポイントを、イラストと写真でズバリ例示。国内初、花好き待望の携帯図鑑！

増田俊也著

**木村政彦はなぜ力道山を殺さなかったのか**（上・下）
大宅壮一ノンフィクション賞・
新潮ドキュメント賞受賞

柔道史上最強と謳われた木村政彦は力道山との一戦で表舞台から姿を消す。木村は本当に負けたのか。戦後スポーツ史最大の謎に迫る。

# 新潮文庫最新刊

恐竜(きょうりゅう)まみれ
発掘現場は今日も命がけ

新潮文庫　こ-75-1

令和四年七月一日発行

著者　小林快次(こばやしよしつぐ)

発行者　佐藤隆信

発行所　株式会社新潮社

郵便番号　一六二―八七一一
東京都新宿区矢来町七一
電話　編集部(〇三)三二六六―五四四〇
　　　読者係(〇三)三二六六―五一一一
https://www.shinchosha.co.jp

価格はカバーに表示してあります。

乱丁・落丁本は、ご面倒ですが小社読者係宛ご送付ください。送料小社負担にてお取替えいたします。

印刷・株式会社光邦　製本・加藤製本株式会社


ISBN978-4-10-104081-3 C0145